實戰智慧館 480

# 為什麼 A⁺巨人也會倒下

## 企業為何走向衰敗，又該如何反敗為勝

# How the Mighty Fall

## And Why Some Companies Never Give In

詹姆・柯林斯（Jim Collins） 著

齊若蘭 譯

新版推薦文

# 一本值得企業經營人反覆閱讀的書

林揚程（太毅國際顧問公司執行長）

只有每隔一段時間來檢視回顧，你才會知道，現在的行為模式是引領你逐漸走向壯大，還是衰敗。詹姆．柯林斯的每部作品，不論是《基業長青》或《從A到A+》，總會帶給我新的啟發，且在經營事業上不斷提供我精闢的見解。

好比《從A到A+》重新定義了「第五級領導」，他指出這類領導人待人謙遜、品行無私，同時包容並尊重部屬，擁有強烈的意志。這帶我重新審視了擁有這些特質的領導人，為何能夠引領組織邁向卓越。透過柯林斯的書除了能夠檢視成功領導人的特性，最重要的是他運用了更細緻的方式描述他的研究方式。

## 企業衰敗過程猶如人體生病

我們必須理解，世界是複雜的，人們的思考方式卻又常以因果關係來決定。但是柯林斯的著作會不斷跳開這個思維誤區，讓我們在閱讀企業的成敗上，並非只以單純的因果關係來說明「企業之所以衰敗，是因為……所導致，因此……」，而是用更縝密的思考方式，透過雙盲測試、隨機選取、對照試驗等，加上科學研究的態度，不斷思考各種可能性。最終得以體察出，站在同樣起跑線的人為什麼有些人能成功，有些人卻失敗。

《為什麼A⁺巨人也會倒下》這本書，便是分析那些看似堅若磐石、其他競爭者難以撼動的巨人般企業，同樣會面臨倒下的可能。柯林斯在書中運用衰敗的五個階段，來檢視企業的成效與現狀。

其中有個概念讓我印象深刻，即「把組織的衰敗成因，想像成一種疾病」。很多時候，外表看似身強體壯的人，體內其實早已潛伏各種疾病，只是在等待某個時刻一次爆發出來。而柯林斯就是從這個思路來解釋組織衰敗的過程。企業組織就像人體，會有潛伏期、病發期等不同階段，只不過我們常會因為其他重要事情，忽略了這些細微的缺陷。

我們偶爾會看到卓越企業倒閉的消息，這些經營失敗的執行長肯定都是人中之龍，有很厲害的經歷背景，但為什麼在他們的領航下還是面臨了倒閉的危機？

聽到的原因往往來自於環境的變異、技術的轉變、消費者習性的轉換、競爭優勢逐漸消失等，但問題的本質其實是在考驗領導人會把問題向外歸咎，還是從自己身上找問題。

閱讀《為什麼A⁺巨人也會倒下》可以發現，原來卓越企業邁向衰敗五階段的真正原因，都是受到人性背後的欲望所驅使。透過本書的解析，可以讓你在企業經營過程中多點心思，並且開始意識到潛在的人性問題，促使你更清楚會遇到的風險、迷惑和混沌狀況，提升你在經營上的敏感度，提早警覺與掌控。

## 避免陷入無止盡成長的誤區

關於本書提到的衰敗五階段，我特別有感的就是第二階段：不知節制，不斷追求更多。

對經營企業來說，追求利潤最大化，不斷銷售更多產品、擴展更多店面，這些都是企業誕生之初就已埋下的基因。換句話說，發展是必要的，但無止境的發展，等於放任企業開始走向衰敗。

這讓我想起星巴克的故事。二〇〇〇年，霍華・舒茲（Howard Schultz）卸下執行長職務後，後兩任執行長開始在全球開疆闢土，不斷衝高店面數。這一動作卻導致星巴克的獨特價值逐漸被侵蝕。一時間，店內少了咖啡香，咖啡品質不一，甚至在二〇〇八年金融風暴，面對同業競爭壓力，使得來店人數與獲利數字開始走下坡。

舒茲於二〇〇八年重返星巴克，重新站在企業的使命與靈魂來審思，透過產品升級、環境塑造，並對全體夥伴闡述企業價值，最終讓星巴克重拾原有的精神。星巴克不再漫無方向，而是清楚知道，邁出的每一步都是帶著使命與精神在前進。

我們常以為「大」就會帶來成功，卻忽略了一旦超過所能負荷的臨界點，再多的成長反而成為負擔，因為缺乏紀律的大躍進，容易稀釋品牌精神，並且迷失企業最初成立的核心價值，忽略了每筆投資的效益是否有助於帶動成長。這些都是在追求「大」的過程中，有可能迷失的內在價值。

所以，對企業領導人來說，除了關注看得到的利潤增長、店面數增加、營業額提高，還要關注看不見的因素，如企業文化、團隊氛圍、系統制度是否跟得上發展趨勢。

無論企業或個人，背後的積累是否穩固，將決定他能走多遠。

當市場不斷變化，經營手法的思路不再是一招打天下，因為經營企業的過程是一種動態的思維切換。其實，經營企業的過程中必然會出現種種挑戰，這也意謂著，這些挑戰將是我們一生要做的功課。

身為企業領導人，我反覆閱讀柯林斯的經典著作，提醒我不要忘記，那些看似很強的企業可能因為自身的成功而限制自己的視野，導致企業逐漸染上衰敗的病因。沒有人是完美的，每個人的一生都在不斷與內在的心魔抗爭，透過這些書的提醒，我相信必能啟發大眾重新檢視此刻的自己，並且進一步審思與改變。

新版推薦文

# 心態對了，組織就對了！

花梓馨（104人資學院資深副總經理）

成功無法複製，失敗卻能避免！柯林斯的提醒，一直是我經營事業的準則。

二十年前剛入行的時候，經常透過演講或文章分享「企業人力資源管理的成功典範」。但是從二〇〇九年開始擔任事業單位管理者，我便不再紙上談兵，因為真槍實彈的實戰過程中我曾不止一次懷疑，真的有所謂的成功典範嗎？

直到二〇一一年閱讀了《為什麼A⁺巨人也會倒下》後，頓時豁然開朗！成功典範的故事固然動人也激勵人心，卻難以複製。成功的內外因素太多，你不見得有這樣的條件；但失敗的內外因素可以被歸納、整理，藉著向失敗學習，至少能設法避開導致失敗的因子，不重蹈覆轍。十多年過去，我始終將柯林斯的提醒銘記在心。

## 組織行為學的常見心理謬誤

每當有人請我推薦管理書籍時，「組織行為學」永遠是我推薦的書單之一，原因無他，組織是人的組成，組織剛性與柔性的環境會影響人在組織裡的行為表現。反之亦然，個人的行為表現也會影響組織的運作方式與環境組成。柯林斯提出企業衰敗的五大階段，輕易地反映出許多「組織行為學」中常見的心理謬誤。

階段一是「過度自信偏誤」（overconfidence bias）：過去的成功很容易讓領導者陷入這樣的偏差而不自覺，因為對自己的能力、判斷與決策過度自信，導致對結果的預估過度樂觀，這往往為組織帶來最致命的影響，長期研究也告訴我們這個結論。

階段二是「可得性偏誤」（availability bias）：領導者不再依據更多元、更大量、更長期的資訊作為判斷與決策依據，而是依賴更單一、更方便可得、更短期的資訊，再加上自己過去處理類似情況的直接經驗來判斷與決策，甚至包括用人的判斷，導致組織一連串的亂象，人治逐步取代法治，官僚逐步取代紀律，馬屁文化逐步取代求是文化等等。最致命的影響是組織產生「反淘汰」現象，劣幣驅逐良幣，組織的管理環境與管理素質逐漸惡化。

階段三是「確認偏誤」（confirmation bias）：領導者習慣性尋找能支持自己判斷與

決策的資訊，選擇性忽略不支持自己、甚至駁斥自己論點的資訊，或降低其重要性，以至於脫離現實或視而不見。如果此時身旁的團隊成員也陷入「團隊迷思」（group thinking）一言堂的組織氛圍，往往會為組織帶來更大的災難！因為領導者為了處理這個負面結果，很容易掉入另一個「風險偏好」（risk preference）的決策陷阱，他們期待透過更大膽的下注、承擔更巨大的風險，更快扭轉頹勢。一旦團隊成員同步發生「團隊轉移」（group shift）的狀態，恐將加速領導者朝更冒險的方向前進，讓組織陷入更大的危機。

階段四是「承諾升級」（escalation of commitment）：領導者面對一次又一次、一個又一個負面結果，不但沒有反思先前決策的種種失誤，反而用最常見的「我必須對結果負責」的領導語言，採取更多更大更頻繁的組織變革、策略調整、流程再造等特效藥，企圖證明自己最初的戰略判斷與決策是正確的，僅僅只是戰術或執行者必須調整而已。這也迫使員工在一次又一次的「失敗、調整、再失敗、再調整」的惡性循環下，從一開始的主動參與轉變成被動旁觀，更可悲的是，領導者恐將陷入「只為自身面子而戰」的困境。

當組織來到階段五這個階段時，我常戲稱全員由上到下已經陷入集體的「習得性無助」（learned helpless）。當領導者嘗試過任何解決的方法，仍然無法帶領組織脫離泥沼，集體心理狀態如同一九七五年賓州大學實驗室裡遭受電擊卻無力控制痛苦情境的動物，只得放棄掙扎，消極被動地走向消失。

## 再一次 Reset

在肺炎疫情肆虐的二〇二〇年，當全球企業對於未來感到恐慌、茫然、不知所措時，重溫這本書想必讓深陷其中的專業經理人特別有感，「絕不屈服」這本書的結語，此刻讀起來更有力量！期勉自己與所有讀者重新檢視組織是否出現衰敗的五階段徵兆，重新檢視自己的領導是否出現衰敗背後的領導偏誤。

重新 reset！不管是組織，或是自己。

新版推薦文

# 別讓自我膨脹毀了你

游舒帆（商業思維學院院長）

《為什麼A⁺巨人也會倒下》是柯林斯著作中我最喜歡的一本。我相信企業能成功，原因可能很多，而且「運氣」通常占了很大一部分。但一家企業要從成功到衰敗，絕大多數的原因都在公司內部。

## 自大終將步入衰敗

企業在創始初期，對成功抱持著敬畏的心，看待市場、客戶與產品都是相對謹慎小心的。然而隨著獲得的成果愈來愈多，大家漸漸地相信這一切的成功都是理所當然，因為我們是如此優秀、是所向無敵的。此時，若市場上沒有旗鼓相當的競爭對手，同時缺乏長期的願景與使命來時時提醒自己「相較於我們的願景，目前的成果根本微不足道」，那麼這家企業就會變得過度自我膨脹。

自我膨脹的結果，就會覺得自己無所不能，無論投入哪個市場都會贏，做什麼都會成功，於是花錢不知節制，投入資源也不問成果，只因為「我絕對可以」。有自信是很好的一件事，但如果缺乏縝密的策略思考，對未知也缺乏敬畏之心，那就成了自大。一個人的自大或許只是無知，但一群人的自大就是一種文化，而有自大文化的企業將很快步入衰敗。

## 前車之鑑，引以為戒

這本書以A⁺企業從興盛到衰敗的五個階段做了很好的分析，我在閱讀過程中，腦海裡浮現了好多家公司的名字。這些企業都曾經獲得難以置信的成就，但隨之而來的衰敗也是異常迅速。產業龍頭在未經評估的狀況下進入陌生市場，認為自己能輕易取代該市場的領先者，結果一敗塗地，還拖垮了原先的業務。在融資了幾億美元後，花錢與市場擴張開始不知節制，短期招募上千人，只因為有錢就冗員充斥，任用私人，除了帶來沉重的財務負擔，也讓人力資源素質下降，組織官僚化嚴重，最終企業文化完全崩壞。

其實他們只要稍微放下自大的情緒，靜下心來，從商業常識來探討每個商業決策，就不容易犯下這種難以挽回的錯誤。很可惜的是，這些企業領導人往往被成果與外界的讚譽給沖昏頭，覺得自己無所不能，覺得這正是自己與其他企業的不同之處，因此拒絕面對現實。直到跌了重重一跤才開始醒悟，並試圖力挽狂瀾，但此時要面對的其實是根深柢固的組織文化問題，能夠成功扭轉者實在少之又少。

上述的狀況在本書中都有諸多著墨，柯林斯也引用了非常多的經典案例，讓讀者理解這些偉大企業為何會從巔峰迅速衰敗，其中的分析異常精彩，讀者們可以引以為鑑。

新版推薦文

# 堅守原則，成功將水到渠成

程世嘉（iKala 共同創辦人暨執行長）

從古至今，每個人都想預測未來。

## 一本教你 Don'ts 的書

幾年前我剛剛創立人工智慧公司 iKala 沒多久，每天水深火熱，為了公司的生存傷透腦筋，每每在夜晚自問：「我究竟會不會成功？」當我心中迷惘時，我喜歡從大量閱讀中找答案，所以在創業最艱苦的一段時期，我埋首書海，希望從中找到關於成功的密碼。

當我讀到柯林斯的一系列作品，包括《基業長青》、《從A到A+》、《十倍勝，絕不單靠運氣》以及《為什麼A+巨人也會倒下》之後，真覺得是找到了救贖，久久不能自已。因為他歸納出的成功企業經營原則，全都是待人處世的基本道理，沒有任何玄妙之處是需要高深的智慧才能領略的。

柯林斯透過大量的企業分析及資料爬梳，把「成功」與「失敗」的經營模式以科學實證方式歸納出來，本書總結出的是企業衰敗的五大階段。書中列舉不同產業的不同公司，但在衰敗過程中都遵循同樣的模式、經歷同樣的階段、犯下同樣的錯誤，導致最後一蹶不振。如果說柯林斯的前幾本書寫的是企業經營的Do's，那麼本書寫的就是Don'ts，企業領導人應該時時溫習，不妨把這本書當做檢查清單，注意自己的公司是否正落入衰敗的某一階段，及早發現、力挽狂瀾。

## 不是失敗，而是尚未成功

每個人都想預測未來，都想預知成功或失敗，都想隨時隨地「出奇招」、做出勝率最高的動作。但柯林斯告訴我們：未來是由自己決定，而且只關乎我們能否堅守一些基本原則罷了。作為企業領導人，無需擔心自己是否每天都習得新的招式，而更應該關注企業是否每天都以堅守核心的原則在運作，確保公司沒有偏離軌道，如此才能讓成功率提高。

一滴雨水滴入河流，我們無法確知其未來的行進路線，但可以確知它終將流入大海。企業經營亦是如此，我們無法確知過程中會遭遇什麼困難，卻可以知道只要堅守原則，成功多是水到渠成。而成就高低，不過天時地利，領導人此時已可無愧於心。

撰寫此文之時，正值全球遭遇百年難得一見的瘟疫「新冠肺炎」，全球的政經局勢正經歷前所未有的巨變，油價崩跌、政府鎖國、企業倒閉、人民恐慌，全人類正面臨第二次世界大戰以來最大的挑戰，所有人的命運都在未定之天。然而，在局勢愈是混沌未明的當下，企業反而愈要謹守簡單的原則來度過風暴，此時，柯林斯的一系列書籍正能作為指引我們的明燈。

面對企業經營、面對病毒，我們不是失敗，只是還沒有成功而已。

新版推薦文

# 借鏡別人，多一些閃過災厄的機會

楊斯棓（方寸管顧首席顧問、醫師）

A⁺企管大師柯林斯著有一系列歷久不衰的作品，包括《基業長青》、《從A到A⁺》、《從A到A⁺的社會》、《為什麼A⁺巨人也會倒下》、《十倍勝》等，至今依然討論者眾。從坊間不少書名來看，都可看到向柯林斯致敬的意味。

柯林斯對於A⁺公司的研究有三個嚴格的標準：

一、十五年來在股市的表現優於大盤三倍。

二、連續十五年維持卓越的績效。

三、先有一段長時間表現平平，接著表現非凡，而且持久不墜。

那麼，一家偉大的A⁺公司到底與我們有何關係？

如果我們是消費者，他讓我們的生活更便利。譬如美國網路購物巨擘Amazon的商品包羅萬象，連棺材都有，武漢肺炎初期甚至還能買到日本口罩及德國品牌耳溫槍。

如果我們是員工，我們就是A⁺企業戰鬥體的一部分，和公司一起進步，一起貢獻所長給世界。

如果我們是股東，當然更關心公司的表現。表現良好，配息自然穩定成長，退休後的養老金就可以靠這筆源源不絕的股息。又或者，有些公司雖不配息，但會把賺來的錢再投入設備賺錢，因此股價不斷被推升。長期來看，股價可望翻漲數倍，退休後得以慢慢賣股，悠閒養老。

## 五階段讓衰敗企業現形

但一家卓越的公司一定能永續長青嗎？衰敗過程是否可察覺到任何端倪？《為什麼A⁺巨人也會倒下》這本書的核心精神便是談A⁺公司如何衰敗，柯林斯以五階段的衰敗路徑來分析：

一、成功之後的傲慢自負。

二、不知節制。不斷追求更多、更快、更大。
三、輕忽風險，罔顧危險。
四、病急亂投醫。
五、放棄掙扎，變得無足輕重或走向敗亡。

然而，這五階段並非上演一段走完接著下一段的戲碼，很可能數個階段彼此疊加，同時進行。走向衰敗的公司可能花三十年走完五階段，也可能只花了五年就走完最後三階段。如果不幸走到第四階段，但以足夠資源擺脫病急亂投醫的惡性循環，還是有機會力挽狂瀾的。

## 實力再雄偉的公司都可能倒下

《從A到A+》一書分析了企業成功之鑰，《為什麼A+巨人也會倒下》則解析了企業失敗之咒。作者首先以美國銀行逆勢而起的個案說起。

一九〇六年四月十八日，舊金山發生一場震撼全球的大地震。當時一片混亂，煤氣管道爆炸，火災四起，人人四處逃命。但位於加州的義大利銀行創辦人卻跑回辦公室，搶救現金和客戶名單，把現金藏在水果箱，並在地震隔天就重新開張。後來義大利銀行更名為美國銀行，到了一九四五年，已是全世界最大的商業銀行。接下來的三十年，美國銀行備受推崇，公認是美國管理最好的公司之一。一九八〇年，《哈佛商業評論》甚至公開讚譽「美國銀行最有名的可能是他規模之大，舉世無雙……」

但誰能料想，短短八年，美國銀行的盛世風雲變色，除了首度削減股息。甚至賣掉銀行總部大樓以套現。實力雄厚如美國銀行，都能如此快速崩頹，難怪柯林斯提醒：任何公司都有可能倒下，沒有任何組織能完全免疫。

## A⁺巨人閃崩倒下，存股存到只見骨

每當我推薦一本書的時候，我總會想，哪一類讀者最需要它？在柯林斯的著作中，我認為八百萬台灣股民最需要讀的就是這本書。

如果我們深知A⁺公司也會因為種種原因意外倒下，有時是沒人能逆料的非戰之罪，那我們怎麼敢貿然「存（個）股」？想要存股就得做好隨時抽身的準備，有時甚至萬事齊備，依然來不及抽身，因為一夕狂跌，天亮已白頭。

爬梳企業歷史最珍貴的價值，就是我們可以借鏡別人，多一些閃過災厄的機會。

A$^+$巨人，有時是個人，有時是公司，有時是國家。總把成功歸功他人者，長期來說會走上坡；總往自己臉上貼金者，會走下坡。作者提醒：「我們每個人都必須暗自提醒，戰戰兢兢地看待自己目前的成功。」

胡立陽先生曾說過：「不要跟股票談戀愛」，這句話若加上柯林斯的智慧，將變成：「不要跟A$^+$公司談戀愛。」

新版推薦文

# 最聰明的人，就是從別人的失敗中學習的人

雷浩斯（價值投資者、財經作家）

投資界常常有幾個讓人困惑的問題，其中一個是：「這間公司過去很好、值得投資，那麼我怎麼確定這間公司未來還能很好？」另一個有點相似的問題是：「這家公司遇到倒霉事了，我怎麼確定他是一時變差還是永遠轉壞？」這兩個問題都能在柯林斯的《為什麼A⁺巨人也會倒下》一書中找到答案，也就是「企業衰敗的五個階段」。

## 從衰敗五階段自我警惕

首先，第一階段的「傲慢自負」會讓你走出能力圈，也就是違背了刺蝟原則。這種狀況會讓底下的員工不敢對老闆說出真心話，因此很容易進入下個階段。

第二階段的「不知節制，不斷追求更多、更快、更大」，就會是失敗的加速器。例如3C通路的燦坤，早期在電子通路取得斬獲時，走的正是快速擴張的道路。但是

他違背了自己的刺蝟原則，反倒收購金礦咖啡、投資燦星網等各種事業，最後埋下了失敗的禍因。

這種狀況就是「過去好，未來沒辦法好」的投資標的。諷刺的是，在本階段的初期，很多時候媒體反倒會大捧這個階段的領導者，視為成功範例，因為大多數人總是將「規模」當做成功者的皇冠，卻不知道創造企業價值才是真正的成功。

因此很多公司最後會進入第三階段：「輕忽風險，罔顧危機」和第四階段「病急亂投醫」。在這個時候，恐怕整個公司都會失去營運上的實力，有能力的員工將會離開，相關供應鏈開始減少供貨，或者減少收貨款天數。這些限制讓公司的能量逐漸降低，除非該公司最後的根柢尚在，不然難以救回。

不過，也不是說第四階段就完全沒救。大約在二〇一三年，宏碁執行長蘭奇（Gianfranco Lanci）追求不斷擴張營收，用塞貨的方式塞給下游廠商，製造增加規模的假象，最後因為大筆虧損而下台，但宏碁當時已經出現敗亡跡象，逐漸走向第三和第四階段。

但宏碁並未走到第五階段。在現任執行長陳俊聖的領導下，宏碁團隊重新體察消費者的需求，並且開發出滿足需求的產品，以電競用筆電、智慧佛珠等產品，不斷提升企業價值，成功扭轉劣勢。這就是避開「永遠轉壞」的成功案例。

## 以衰敗者為師

身為柯林斯的粉絲，我很榮幸替《從A到A⁺》，《十倍勝，絕不單靠運氣》以及這本《為什麼A⁺巨人也會倒下》寫推薦文。雖然談到衰敗總是令人難受，但是以衰敗者為師，可以讓你避免犯錯。

實際上，最聰明的人，就是從別人的失敗中學習的人。

新版推薦文

# 向失敗借鏡

謝文憲（企業講師、作家、主持人）

二〇〇九年，柯林斯寫下《為什麼 $A^+$ 巨人也會倒下》這本書時，世界剛遭逢全球金融風暴的衝擊，產業市值與個人財富大洗牌。體質稍差的 $A^+$ 大企業有些倒地不起，有些受到輕傷後仍能站起、屹立不搖，部分 $A^+$ 企業甚至仍能逆勢成長，成為王者。

二〇二〇年，正當全球新冠肺炎疫情來襲，看到本書新裝致勝版上市，一來覺得作者料事如神、不勝唏噓，二來勉勵重新複習、自我期許。

我的角色沒有資格品頭論足 $A^+$ 企業的盛衰，但我想藉此幫各位讀者從兩個方向切入本書：台灣的 $A^+$ 企業，以及 $A^+$ 的個人。

## 五階段檢視企業體質

我進入職場二十九年，後段創業十四年不計，前段共待過五家公司，兩家知名上市電子業共三年，房仲業龍頭五年，金控銀行業一年，外商知名高科技業六年。這五家都是規模極大的A⁺公司，有四家至今仍然歷久不衰，有些規模甚至比我以前在的時候更大，企業體質更好，唯獨第二家電子業，至今已不復存在。

重新溫習本書，特別是企業衰敗的五個階段：傲慢自負、不知節制的成長、輕忽風險、病急亂投醫、放棄掙扎，我用作者提出的五個階段，重新檢視近三十年前我在該公司的記憶，尤其對第一階段「成功後的傲慢自負」特別有感。

這家生產CRT monitor的公司已不復存在，我就不方便多說什麼了。但用上述五個階段去檢核其他四家公司，尤其是另一家電子產業「台達電子」，我就能清楚辨別體質好的公司，特別容易避開上述五個階段所帶來的引誘與襲擊。

## 追求成長更要有減法思維

此外，我特別覺得本書所提A⁺企業衰敗的五個階段思維，很適合用在A⁺個人品牌的經營盲點。我除了深切自省外，很想跟大家提提第二階段「不知節制追求更快、更多、更大」這一點。

企業與個人追求成長，本應無可厚非，倘若企業沒有考慮經營體質，個人沒有考慮減法思維，很容易就落入盲目地追求數字與規模的迷思，以及個人品牌效益的稀釋與淡化，更遑論在網路世代，人人都有可能靠「創意＋網路」而爆紅，也有可能因「大頭症＋網路」而崩解。

以我而言，多所嘗試沒有不好，倘若因多角化經營，跨足不熟領域，盲目追求營業額、成長率、員工人數，肯定會是個人品牌衰敗的重要原因。這本書裡所提的每個例子，都是我向失敗借鏡的絕佳教材。

知道自己可以做什麼，不能做什麼，追求體質健全、獲利優先，不盲目比拚，不病急亂投醫，是我向本書作者柯林斯學習的重要借鏡。

推薦給各位。

自序
# 尋找避免衰敗的祕訣

柯林斯

我的感覺有點像一條不小心吞下兩個大西瓜的蛇。剛開始的時候，我心裡盤算的只不過是寫一篇短文。其實當時我和同事韓森（Morten Hansen）進行六年的研究計畫已接近收尾階段，那才是我下一本「正常」厚度的書，探討的是當周遭世界失控亂轉時，怎麼樣才能在狂風暴雨下安然度過危機、屹立不搖。這篇短文原本只是長期研究中的消遣之作。

可是，「為什麼A⁺巨人也會倒下」這個問題卻完全不聽指揮，不肯停留在一篇文章的格局內，而演變成這本小書。我也曾考慮過，是不是暫且擱置這個計畫，等完成另外那本書之後再說。但突然之間，巨人真的開始倒下了，彷彿一堆巨大的骨牌，在我們身邊接二連三地崩塌、碎裂。

二〇〇八年九月二十五日，我撰寫這篇〈自序〉時，剛好坐在一架聯合航空的空中巴士內，看著窗外紐約曼哈頓天際線的著名建築，想到那裡正發生一連串驚天動地的大變化，內心也波濤洶湧：

●原本在美國《財星》（*Fortune*）五百大排行榜上名列第一百五十六名的大企業貝爾斯登（Bear Stearns），一夕之間就砰然倒塌，消失不見，只經過一個週末的倉促談判，便在絕望下把整家企業賣給摩根大通（JPMorgan Chase）。

●有一百五十八年光輝歷史的投資銀行雷曼兄弟（Lehman Brothers），在持續成長和成功之後，突然崩潰瓦解、申請破產；房利美（Fannie Mae）和房地美（Freddie Mac）在美國政府監管下形同癱瘓。

●長期象徵美國牛市精神、拚命向前衝的美林公司（Merrill Lynch），居然也豎起白旗、遭到購併。

●華盛頓互惠銀行（Washington Mutual）跌跌撞撞地在危險邊緣掙扎求生，很可能成為史上最大的商業銀行失敗個案。

●美國政府大動作地接管了一堆私人資產，規模之大為七十年來僅見，拚老命想要避免另一次經濟大蕭條。

但是我必須說清楚，《為什麼A+巨人也會倒下》寫的可不是二〇〇八年的華爾街金融危機，更不打算探討如何修補已經失靈的資本市場營運機制。本書的起源其實要回溯到三年前，當時我愈來愈好奇，為什麼歷史上最偉大的企業或組織也會倒下（包括我們曾在《基業長青》〔*Built to Last*〕及《從A到A⁺》〔*Good to Great*〕這兩本書裡研究分析過、一度光芒萬丈的某些企業）。因此，這本書的主要目的是提供一些經由研究得出的觀點，以了解組織的衰敗到底是如何發生的，包括許多原本似乎所向無敵、強大無比的企業如何走上失敗之路，好讓目前的領導人有機會免於重蹈覆轍，墮入悲慘的命運。

我們的本意並非要幸災樂禍地看待一度勢不可擋、如今卻衰頹崩塌的企業巨人，而是試圖探究我們能從這些事件學到什麼，以及如何將之應用到自身的狀況中。了解這些篇章裡描述的五個衰敗階段之後，領導人應該避免讓組織直線墜落谷底，從人人稱羨變得無足輕重，或至少可以降低衰敗發生的機率。其實衰敗是可以避免的；企業可以及早偵測到衰敗的種子。而且只要還沒有墮入第五階段，還是有可能逆轉衰敗的過程，反敗為勝。A⁺組織或企業雖然有可能倒下，但通常也都可以重新站起來！

# 目錄

為什麼 A⁺ 巨人也會倒下

How the Mighty Fall

前言

# 厄運，總是悄然掩至

$A^+$巨人是怎麼樣一步步傾頹崩塌的？
如果某些稱得上史上最偉大的公司
居然會從人人稱羨的偶像地位，
淪落為無足輕重的小角色，
我們是否能透過研究它們的殞落而學到什麼？
其他公司又該如何避免類似的厄運？

時間回到二〇〇四年秋季，有一天我接到「領袖對領袖學院」（Leader to Leader Institute，前身為杜拉克基金會）的創辦人兼總裁賀賽蘋（Frances Hesselbein）的電話。「領袖對領袖學院及研討會董事希望邀請你到西點軍校，帶領幾十位優秀的學生做一場研討會。」她說。

「這些學生都是些什麼人？」我問，眼前浮現一群年輕軍校學生的畫面。

「有十二位美國陸軍將官、十二位企業執行長，還有十二位社會團體的領袖，」賀賽蘋回答，「我們會把他們分成六組，每組六個人；軍方、企業和社會團體各有兩位代表，他們都很期待能就這個主題來一場精采對話。」

「那麼，主題是什麼？」

「噢，題目很好，我想你會很喜歡。」她停頓一下，「討論主題是『美國』。」

美國？我不禁納悶起來。關於美國，我還能教這群菁英份子什麼呢？但接下來，我想起恩師雷施亞（Bill Lazier）說過的話，他說高效能的教學不是拚命嘗試提供正確的答案，而應該把注意力集中在提出正確的問題上。

我在疑惑中仔細思量一番，最後決定將研討會定調在：「美國是否正重新匯聚偉大的力量，抑或美國正處於可能從A+級降為A級、從卓越歸為平凡的危險邊緣？」

雖然原先我提出這個題目的用意，不過是玩玩文字遊戲（我真心相信美國有責任不斷自我重生，重新匯聚偉大的力量，而且從歷史經驗看來，它的確都達成任務），可是當天西點軍校的研討會還是演變成一場激烈的辯論會。半數出席者主張：今天的美國和過去的美國同樣強大，另一半人則反駁：美國正跌跌撞撞地步上衰敗之路。

歷史一再顯示，再強大的巨人都可能倒下：無論古埃及王朝、克里特島的米諾安（Minoans）古文明、中國周皇朝、地中海的西台帝國（Hittite Empire）、馬雅古文明，全都已經崩潰瓦解。雅典，倒了。羅馬，倒了。甚至連英國這個曾經屹立百年的世界超級強權，都眼睜睜看著自己的地位節節下降。這會不會也成為美國的宿命呢？還是說，美國永遠有辦法找到新的出路，能夠回應林肯提出的挑戰，成為地球上最後、也最好的希望呢？

## 但是，怎麼樣才會知道呢？

中場休息時，一位極為成功的企業執行長把我拉到一旁，表示：「我覺得今天的討論太棒了，整個早上我都把你提出的問題套在我們公司的情形上思考，」他陷入沉思，「近幾年來，我們公司簡直成功得不得了，因此我一直很擔心。所以我想知道的是，怎麼樣才會知道呢？」

「你的意思是……？」我問。

「當你爬到巔峰，叱吒風雲，成為最強大的國家、同業中的佼佼者或競賽場上最厲害的選手，你手裡掌握的權勢和成功很可能令你盲目，看不見自己已經開始走向衰敗的事實。所以，你要怎麼樣才會知道呢？」

這個問題（怎樣才會知道呢？）完全把我迷住了，也成為這本書部分靈感的來源。我們在科羅拉多州博德市的研究室中，早就討論過要不要進行關於企業如何衰敗的研究，原因之一正是我們在《從A到$A^+$》及《基業長青》這兩本書中介紹過的卓越企業，有一些後來光環褪色，不再卓越。就某個角度而言，我們不會因此感到不安或是有罪惡感，因為儘管某家公司倒下了，但這和我們從研究它全盛時期而學到的教訓完全是兩碼子事，這些知識不會因此變得無效。（請參閱下頁「為什麼一度卓越的企業如今栽觔斗，並不會否定過去的研究結果」一文的補充說明。）

但另一方面，我發現自己愈來愈好奇：這些$A^+$巨人到底是怎麼樣一步步傾頹崩塌的？如果某些稱得上史上最偉大的公司居然從人人稱羨的偶像地位淪落為無足輕重的小角色，我們是否可以透過研究它們的殞落而學到什麼？其他人又該如何避免類似的厄運？

## 為什麼一度卓越的企業如今栽觔斗，並不會否定過去的研究結果

我們以往在研究中發現的種種原則，根據的並不是企業今天的優勢或困境。不妨這樣想好了：如果我們把健康的人和不健康的人拿來對照，並且歸納出促進健康的原則，例如要睡得好、飲食均衡、適度運動等，萬一有幾位過去很健康的研究對象開始睡不好、吃不好，而且不運動，難道就會破壞了這些原則嗎？顯然睡眠、飲食和運動仍是身體健康的重要原則。

或者思考第二個比喻：假定我們研究了美國加州大學洛杉磯分校（UCLA）在一九六〇和七〇年代建立的籃球王朝，當時UCLA籃球隊在傳奇教練約翰・伍登（John Wooden）的領導下，十二年內獲得十次美國大學籃球賽總冠軍。假定我們把伍登領導下的UCLA籃球校隊，拿來和另外一支無法在同一時期內建立籃球王朝的校隊比較，並且針對一系列體育校隊重複這樣的對照分析，然後發展出一套有關如何建立體育王朝的原則性架構。那麼，即使UCLA籃球隊後來沒有遵循伍登立下的原則和榜樣，無法像伍登時期那樣締造輝煌戰績、連續贏得全美總冠軍，我們能因此否定伍登領導的UCLA籃球隊所示範的成功法則嗎？

同樣地，《從A到A+》的原則主要衍生自研究企業在歷史上某個特定階段的表現，當時這些從A到A+的公司展現了具體的轉變，從優秀躍升到卓越的境界，而且至少保持卓越十五年。但《從A到A+》的研究完全不打算預測，其中有哪些公司在十五年後仍會繼續保持卓越。的確，本書的研究結果顯示，即使最強大的企業巨人都有可能自我毀滅。

從西點軍校回來後，我彷彿受到感召，決心將好奇心轉化為積極尋找答案的行動，探討組織是否有可能預先偵察到衰敗的徵兆，及早回頭；或者更理想的是，實踐「預防重於治療」的觀念，防患於未然。我開始將組織的衰敗想像成一種疾病，也許就像癌症一樣，雖然病人外表看起來健康強壯，其實病灶早已在體內橫行霸道。這不算完美的比喻，因為我們隨後會看到，和疾病不大一樣的是，組織的衰敗基本上是自作自受。儘管如此，這個比喻說不定還是有一些幫助；我接下來分享的個人經驗或許可以充分說明。

二〇〇二年八月，一個晴空萬里的日子，我和妻子瓊安在科羅拉多州亞斯本附近開跑，從大約海拔三千公尺的高度開始，預備跑到海拔四千公尺的義勒提隘口。跑到大約三千四百公尺的高度時，空氣實在太稀薄了，稀薄到連樹都長不高。我不得不舉起雙手投降，只能慢慢走，但瓊安仍然繼續往上衝刺。等到我終於爬上山坡、沒有樹木擋住視線時，看到穿著豔紅運動衣的瓊安在領先我很遠的地方，以「之」字型的方式從左跑到右，再從右跑到左，一直往山頂奔去（這樣的前進速度雖然比較慢，卻比較省力）。

可是兩個月後，瓊安被診斷罹患癌症，最後動了兩次乳房切除手術。回想起那天的情景，我省悟到，就在她看似健康得不得了、往義勒提隘口衝刺的當下，她體內的癌細胞一定早已蠢蠢欲動！瓊安看似健康、實則罹病的紅色身影深烙在我的腦海裡，成為絕佳的比喻。

> 我慢慢形成一種看法：組織的衰敗就像人體疾病一樣，是分階段的。愈早期的階段愈不容易察覺，但也愈容易醫好，愈後期的階段則症狀愈明顯，可是也愈難醫治。有些組織或公司或許外表光鮮亮麗，看起來強大無比，其實已經敗絮其中，瀕臨危險，就快要往失敗的深淵掉下去了。

稍後我們會轉到相關的研究繼續討論下去。但在此之前，首先讓我們跳到一個讓人驚駭莫名的案例，看看美國商業史上最具傳奇色彩的企業起落興衰的故事。

## 已經走到懸崖邊緣，卻渾然未覺

一九〇六年四月十八日凌晨五點十二分，吉安尼尼（Amadeo Peter Giannini）突然沒來由的有一種奇怪的感覺，接著那種感覺又強烈襲來，周遭有一陣輕微的、幾乎察覺不到的震動，同時傳來低沉的隆隆聲，好像遠處打了聲悶雷或有火車經過般。完全的寂靜。一秒鐘。兩秒鐘。然後，砰砰！吉安尼尼位於加州聖馬堤奧市的房子開始顛簸不已，往左、往右、往上、往下震動。在北方二十七公里之外的舊金山市，數百棟房子下面的地表融化了，而一些比較堅固的地面在地殼不住抽動痙攣下，石塊、磚瓦紛紛被拋到馬路上，高牆坍塌倒下，煤氣管道爆炸，周圍火災四起。

當時吉安尼尼的「義大利銀行」（Bank of Italy）剛創立不久，羽翼未豐，他決心弄清楚辦公室究竟發生什麼情況。於是他耐著性子，展開六小時的長途跋涉，先搭火車進城，然後徒步往銀行走去，城裡的人都拚命往他的相反方向跑，想逃離火場。吉安尼尼的辦公室的確快被大火吞噬了，他趕忙搶救銀行裡岌岌可危的現金。罪犯也沒閒著，在廢墟裡橫行搜括，迫使市長發布命令：「我已經授權所有警務人員，只要發現任何人趁亂掠奪財物或觸犯其他罪行，一律殺無赦。」

在兩名員工的幫助下，吉安尼尼將現金全部藏在水果箱裡，上面鋪滿橘子，用找來的兩輛馬車連夜運回聖馬提奧，再將所有現金藏在家中壁爐裡。第二天，他一大清早就跑回舊金山，發現其他同業的心情與他大相逕庭：他們都希望暫停借貸業務六個月。吉安尼尼的反應則是：趕緊在人來人往的繁忙碼頭前找到兩個廢棄大酒桶，上面架一塊木板，於是他的銀行在地震後第二天立刻重新開張營業。「我們將協助舊金山重建。」他勇敢地大聲宣布。

吉安尼尼在市井小民最需要借錢的時候，把錢借給他們。相應地，市井小民也樂意將錢存到他的銀行裡。隨著舊金山慢慢從亂無法紀中回歸正常秩序，從正常秩序轉向興盛繁榮，吉安尼尼繼續借貸更多的錢給市井小民，而市井小民又和他有更多的業務往來。他的銀行開始累積動能，小客戶一個接一個上門光顧，帶來一筆接一筆的貸款及一筆接一筆的存款，吉安尼尼也一家分行接著一家分行地設立，遍布加州各個角落。在這段期間，他將「義大利銀行」重新命名為「美國銀行」（Bank of America）。到了一九四五年十月，美國銀行已成為全世界最大的商業銀行，超越備受尊崇的大通國家銀行（Chase National Bank）。（這裡要稍加說明一下：一九九八年，國家銀行〔NationsBank〕買下美國銀行後亦統稱「美國銀行」，和此處介紹的美國銀行不是同一個機構。）

接下來三十年，吉安尼尼的美國銀行贏得各界尊崇，公認為全美管理最好的公司之一。一九八〇年一月號的美國《哈佛商業評論》（*Harvard Business Review*）有篇文章一開頭就說：「美國銀行最有名的可能是它規模之大，舉世無雙——它是世界上最大的銀行，擁有將近一千一百家分行，業務遍及一百多個國家，資產總值大約有一千億美元。但是在許多內行觀察家的心目中，美國銀行的管理品質是同樣值得重視的成就……」

要是有人在一九八〇年間預測：只不過八年後，美國銀行就會從雲端掉下來，不再是全世界最成功的企業，而且還創下美國銀行史上幾筆金額最龐大的虧損紀錄，甚至撼動整個金融市場，嚴重到連美元都短暫貶值；自身的股價也大幅下跌，累計股票報酬率落後大盤八〇％，還要面對競爭對手的購併威脅，五十三年來首度削減股息，甚至賣掉銀行總部大樓以套取現金，好達到資本需求；還有，董事會中最後一位來自吉安尼尼家族的董事憤而辭職，現任執行長則被炒魷魚，早已退休的前執行長獲邀回來力挽狂瀾，還要不斷忍受財經媒體的批評聲浪，例如「令人難以置信、不斷萎縮的銀行」或「跟著鐵達尼號一起沉沒」之類的標題。如果有任何人膽敢在一九八〇年提出日後可能出現這樣的結果，他們肯定會被視為悲觀主義的異類。

然而，這正是美國銀行後來的遭遇。

想想看，如果連一九七〇年代的美國銀行這樣實力雄厚、地位優越的企業，都會在這麼短的時間內快速崩跌，而且跌得如此之深、如此之慘痛，那麼任何公司都有可能倒下。如果像摩托羅拉（Motorola）或電路城（Circuit City）之類的企業（他們一度是代表「卓越」的企業典範），也無法抗拒墜落的力量，那麼真的，沒有任何組織能完全免疫。如果像增你智（Zenith）以及大西洋與太平洋茶葉公司（Great Atlantic & Pacific Tea Company，簡稱A & P）這類曾是行業翹楚的公司，都無法長保卓越，甚至直線下滑，變得無足輕重，那麼我們每個人都必須暗自警惕，戰戰兢兢地看待自己目前的成功。

無論多麼偉大的組織，都有弱點和罩門。無論你已經達成多少成就或掌控多大的力量，你還是有弱點，有可能逐漸衰敗。大自然沒有規定最強大的一定永遠高高在上、永垂不朽。任何組織都有可能崩跌衰敗，而且通常最後也會倒下。

我可以想像，大家讀到這裡時不免心想：「我的天，我們公司必須改變！我們一定要做點什麼事情，我們要大膽、要創新、要前瞻！我們一定要趕快開始行動，不能讓同樣的事情發生在我們身上！」

圖 1　美國銀行 1972-1987 年間淨收入示意圖

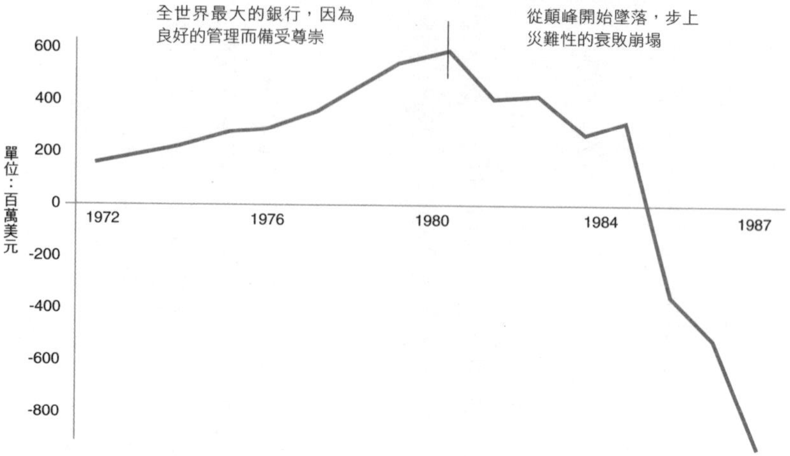


且慢！稍等一下！

一九八〇年十二月，美國銀行挑選的新執行長跌破了所有人的眼鏡。《富比士》（*Forbes*）雜誌形容選才過程彷彿「挑選教宗一般」；二十六位董事關室密談，就像紅衣主教開祕密會議選教宗一樣。也許你會猜想：美國銀行之所以兵敗如山倒，一定是因為他們任命了一個五、六十歲的紳士為執行長，而這位仁兄是個毫無特色的官僚和不知變通、無法與時俱進的銀行主管，既不懂得願景領導，又沒能大膽行動，更不知道如何尋找新商機和開闢新市場。

然而事實上，董事會選出來的新執行長年方四十一歲，是一個精力旺盛、身材高大、口齒清晰、儀表堂堂的領袖人物，他告訴《華爾街日報》（*Wall Street Journal*），他認為美國銀行需要有人「狠狠踢一下屁股」。

上任後七個月，執行長亞馬哥斯特（Samuel Armacost）就收購了平價證券經紀公司嘉信理財（Charles Schwab），這個大膽積極的行動可以說逼近格拉斯—史蒂格法案[1]的容忍極限，但也替美國銀行注入新活力，除了增加新事業之外，也和一群言行狂傲的企業家搭上關係。接著，他規畫了美國史上規模最大的跨州銀行購併案，包括買下總部設在華盛頓州西雅圖市的西雅圖第一銀行[2]。此外，他也緊急斥資一億美元推廣自動櫃員機以超越競爭者，讓美國銀行從原先落後的局面大幅躍進，號稱擁有全加州最龐大的自動櫃員機網絡。「我們再也不能只是坐在那裡，等著從別人的錯誤中學習教訓，然後再決定要做什麼，這對我們來說太奢侈了。」亞馬哥斯特如此叮囑他的經理們，「就讓其他人從我們這裡學東西吧。」就這樣，美國銀行終於擁有一個魅力十足的強勢領導人了。

---

❶「格拉斯—史蒂格法案」（Glass-Steagall Act）是美國一九三三年通過的金融機構管制法，主要規定商業銀行、證券公司與保險公司不得跨足彼此間的業務，也不能相互持股。

❷西雅圖第一銀行（Seafirst Corp.）是由西雅圖國家銀行（Seattle National Bank）和第一國家銀行集團（First National Bank Group）等合併而成。

亞馬哥斯特打破許多不合時宜的傳統，關閉了一堆分行，停止終身雇用的做法，也成立了獎金制度。「我們試圖將表現優異的人才和表現平平的員工區分開來。」一位高級主管評論新的公司文化時說。嘉信理財公司的主管可以繼續租用BMW、保時捷、甚至捷豹汽車，令傳統的銀行主管十分感冒，因為公司限定他們只能租比較傳統的福特、別克和雪佛蘭汽車。

亞馬哥斯特重金禮聘了一位姿態甚高的「變革顧問」，輔導所有員工參與公司的轉型過程，美國《商業週刊》（*Business Week*）形容這個過程彷彿改變宗教信仰（形容美國銀行「有如重生」），《華爾街日報》則說這是「毛澤東文化大革命的美國銀行版本」。亞馬哥斯特宣告：「沒有任何金融機構經歷過這麼大的改變。」儘管如此，在如此強力的領導、這麼多的變革和大膽積極的行動之後，美國銀行還是從最高峰時的六億美元淨收入水平掉下來，從一九八五到一九八七年間累積的虧損，在當時創下銀行史上最高紀錄。

但我們也要對亞馬哥斯特公平一點，因為在他當上執行長之前，美國銀行其實已經快要走下坡了。[3]我無意妖魔化亞馬哥斯特，而是想指出：儘管他具備了強烈的改革熱忱，還是阻攔不了美國銀行的驚人下墜。很顯然，解決衰敗的辦法不是靠簡單的「不改變，就完蛋」之類的陳腔濫調。美國銀行推動了許多重大改變，變革的過程卻差點整垮自己。

我們需要更細緻地理解衰敗到底如何發生，而這就要談到我們的研究結晶：組織衰敗的五個階段。

---

❸ 參閱海克特（Gary Hector）的《美國銀行的衰落》（*Breaking the Bank: The Decline of Bank of America*）一書，對此有詳實權威的描述。

導論

# 企業衰敗的五階段

企業的衰敗有沒有蛛絲馬跡可循？

有辦法及早察覺敗象嗎？能不能扭轉頹勢？

到了什麼地步，局面就再也無法逆轉？

了解企業巨人為何崩跌，才能避免重蹈他們的覆轍。

就某個角度而言，我和眾多研究夥伴多年來其實一直在探索失敗和平庸的問題，由於我們的研究高度依賴對照分析的方法，我們會將卓越的$A^+$公司和無法向上提升的公司拿來做比較，並提出一個問題：「兩者之間究竟有何差異？」但過去我們探討的，主要都是如何邁向卓越這個比較討喜的正面話題，有了西點軍校的經驗之後，我希望扭轉問題的方向，了解曾經卓越的$A^+$公司為何衰敗。我和同事開玩笑說：「我們開始轉向黑暗面了。」

## 篩選出「先盛後衰」的巨人

經由過去的研究，我們蒐集了很多資料，加總起來，可說涵蓋了六千年的公司歷史，包括一箱箱、一綑綑的歷史文件，還有七十多年來的財務資訊試算表，再加上扎扎實實的編年史和財務分析。我們預期經過嚴謹的篩選後，能夠找出一組曾經躍升為$A^+$級公司、後來卻一敗塗地的案例。我們先從《基業長青》和《從A到$A^+$》所累積的六十家大企業的研究資料著手，系統化地挑選出十一個案例，這些公司都符合本研究的嚴謹條件，曾經在發展的某個階段「先盛後衰」，包括A&P、地址印刷機公司（Addressograph）、艾美絲百貨（Ames Departments Stores）、美國銀行（被國家銀行收購之前）、電路城、惠普（Hewlett-Packard，簡稱HP）、默克（Merck）、摩托羅拉、樂柏美（Rubbermaid）、史谷脫紙業（Scott Paper）及增你智（我會在〈附錄1〉說明篩選流程）。我們更新了研究資料，然後從不同層面檢視這些衰敗公司，包括他們的財務數據和型態、願景和策略、組織、文化、領導力、技術、市場、環境和競爭態勢。我們把大部分的心力放在探討以下的問題：究竟哪些事情會導致公司露出敗象，以及一旦開始衰敗，公司如何因應？

在深入探討我們分析出來的五階段架構之前，請容我先說明幾件事。

## 東山再起的公司

在各位閱讀本書之前，我們所分析的公司可能有部分已重新站穩腳步。比方說，在我們撰寫本書時，默克藥廠和惠普公司顯然已經扭轉頹勢。雖然他們能否持續復甦還是未知數，但在我們撰寫本書時，兩家公司的經營績效都顯著改善。因此，引發了一個留待未來探討的次研究主題：$A^+$公司可能會倒下，也可能東山再起。很重要的是，我們進行這項研究不是為了告訴大家今天有哪些公司是卓越的$A^+$公司，或哪些公司未來可能躍升為$A^+$公司或日漸衰敗、不再卓越；我們乃是研究企業過去的經營績效，藉以了解有哪些潛在力量與企業的卓越或衰敗密切相關。

## 房利美以及在二〇〇八年金融風暴中崩盤的其他金融機構

當我們在二〇〇五年挑選研究樣本時，房利美和我們資料庫中其他金融機構的衰敗跡象還不明顯，不符合我們的分析條件。如果只因事後之明就將這些公司納入分析，似乎不夠嚴謹，但另一方面，完全忽略這個事實——有些全球知名的金融機構（尤其是曾由A級公司躍升為A⁺級公司的房利美），已在史上最驚人的金融風暴中全面潰散——顯然也有違常理。所以，我雖然沒有因為金融風暴成為熱門新聞話題，而在最後一分鐘將這些公司納入分析，可是我會在〈附錄3〉簡短說明我對房利美事件的看法。

## 對照組的成功公司

我們的每一項研究都有對照組。因為重要的不在於「成功公司有哪些共同點」或「失敗公司有哪些共通之處」，最關鍵的問題是：「從成功公司和失敗公司的對照分析中，我們可以學到什麼教訓？」就這項研究而言，我們找到一組成功公司作為對照組，當我們的主要研究對象日漸衰頹時，這些同一時期與他們在相同產業中競爭的對照公司卻蒸蒸日上（〈附錄2〉會說明對照公司的挑選方式，亦請參見圖2的說明）。

## 圖 2　對照研究

為何一家公司衰頹不振，另一家公司蒸蒸日上？

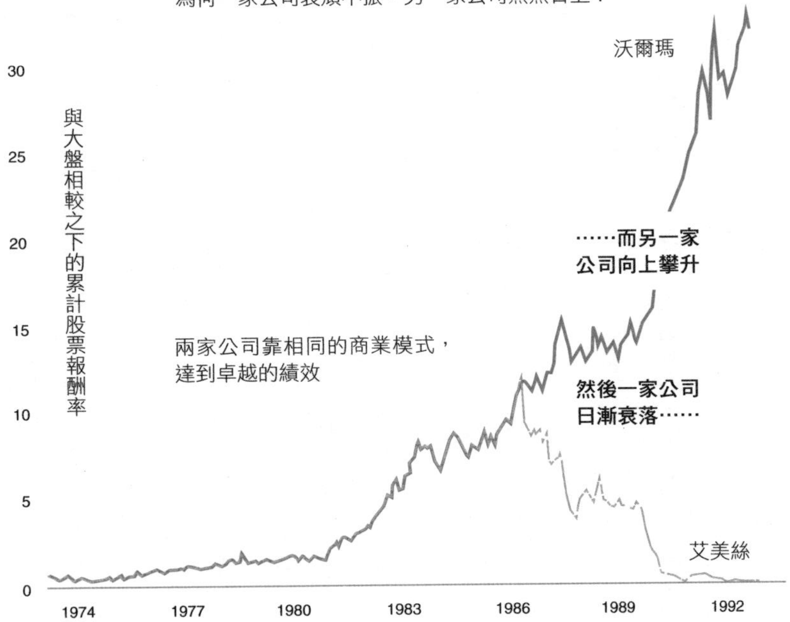


本研究所有股票報酬的計算資料來源為芝加哥大學商學研究所證券價格研究中心（©200601 CRSP®, Center for Research in Security Prices. Graduate School of Business, The University of Chicago. Used with permission. All rights reserved. www.crsp.chicagobooth.edu）

一九七〇年代初期，圖中的艾美絲百貨和沃爾瑪（Wal-Mart）這兩家公司的情況（我們稍後會討論到兩家公司的對照分析），簡直就像雙胞胎一樣，他們有相同的商業模式，營收和獲利也不相上下，都展現驚人的成長速度，而且兩家公司都是由強人掌舵。正如各位在圖中所見，投資兩家公司的報酬率連續十多年都超越大盤表現，而且兩條曲線互相緊追不捨、緊密相連，但之後的發展就完全分道揚鑣，一家公司一落千丈，另外一家公司卻持續躍升。為什麼其中一家公司衰頹不振，另外一家公司卻蒸蒸日上呢？這個鮮明的對照說明了我們的比較分析方法。

## 探討相關性、而非因果關係

我們在研究中挑選的變數和我們所研究的企業經營績效的確有相關性，但我們不能因此就說他們之間有明確的因果關係。如果能進行前瞻性的雙盲、隨機、對照組的試驗，我們就能創造出企業績效的可預測模型。然而，由於我們無法在企業管理的現實世界裡進行這類實驗，因此也不可能有百分之百的把握，篤定地說明其中的因果關係。儘管如此，由於我們除了分析成功或失敗的案例，還採取了對照分析的方式，所以對我們的發現確實有一定的信心。

## 分析歷史資料的好處

我們採取歷史分析的方式，涵蓋的時間從公司創立直到研究結束為止，把焦點放在特定的時期。我們蒐集了很多歷史資料，包括財務報告和公司年報，以及關於這家公司的媒體報導、書籍、學術性的案例研究、分析師報告和產業參考資料等。很重要的是，如果我們只仰賴回顧式的評論或訪談，將提高錯誤推論的機會。

就拿一個眾所周知的成功故事為例。如果我們在西南航空公司成功之後，仰賴後見之明式的分析和評論來做研究，那麼作者所理解的西南航空成功因素，可能會誤導我們的資料內容。例如某些回顧式的報導將西南航空的成功，歸因於率先建立獨特而創新的民航模式（部分原因是作者深信贏家一定勇於創新），但事實上，如果仔細閱讀歷史文獻就會發現，西南航空公司其實大量複製了太平洋西南航空公司（Pacific Southwest Airlines，簡稱PSA）在一九六〇年代末期的商業模式。如果我們只仰賴回顧式的分析和報導，就很容易被誤導，在探索西南航空為何卓越時走錯了方向。

因此，本研究完全根據事件發生當時的證據（結果如何還屬未知數）來建立分析架構，並依照時間先後順序來檢視這些證據。當時出版的文件在撰稿時，完全無從得知公司後來的成敗，因此避免了知道結果後產生的成見。比方說，關於增你智公司，我們的研究資料是一九六〇年代初期發布的資料，當時增你智還是產業龍頭，因此我們可以了解增你智當時的情況，而不會受到它終將衰敗這個事實的影響。

我們的研究盡量不採取訪談的方式（儘管人們或許很需要為自己辯護），我們沒有訪問現任或前任的管理階層。我並不是說歷史資料都很完美，因為企業也可能在公司年報中選擇性地排除負面資訊，新聞記者也可能帶著成見撰寫報導。甚至連我自己或多或少都可能帶著一些後見之明式的偏見，因為我已經曉得我們研究的公司後來究竟成功或失敗，我沒有辦法在腦海中完全抹掉這些資訊。但即使有這些限制，我們仍然透過比較分析式的歷史研究方法，更了解卓越公司成功和衰敗的相關因素。

檢視公司衰敗之前的歷史證據，帶來這項研究最重要的觀點：企業可能外表看起來很健康，但骨子裡其實已經開始衰敗，就好像一九八〇年代的美國銀行正站在最危險的高峰，接下來就一落千丈。這也是為什麼衰敗的過程如此嚇人：公司可能在神不知鬼不覺間已經麻煩上身，然後突然就深陷泥沼、一敗塗地。

因此引發出一連串有趣的問題：企業衰敗的過程有沒有幾個清楚的階段？如果有

的話，我們可以及早察覺敗象嗎？有沒有蛛絲馬跡可循？能不能扭轉頹勢？如果可以的話，要如何反敗為勝？到了什麼地步局面就再也無法逆轉？

## 五階段架構，偵測可能的衰敗

有一天，家裡的餐桌上堆滿我的研究論文，我一邊敲打電腦鍵盤，試圖將企業衰敗的過程理出頭緒，一邊對內人瓊安說：「我發現要把這件事弄清楚，比研究企業如何卓越困難多了。」無論我怎樣反覆組合概念架構，以釐清企業衰敗的過程，總是會找到反面的例證和不同的型態。

瓊安建議我讀一讀托爾斯泰的小說《安娜卡列尼娜》（*Anna Karenina*）的第一句：「所有的幸福家庭都很相似；但每個不幸福的家庭都各有各的不幸。」撰寫本書的過程中，我一再咀嚼這句名言。研究了企業如何卓越和如何衰敗的正反兩面之後，我的結論是，企業走向衰敗的途徑遠多於走上卓越的途徑。所以，要藉由分析資料而產生企業衰敗的架構，也比建立企業躍升的架構困難多了。

即使如此，我們仍然從分析資料中推演出企業巨人衰敗的五階段架構（參見圖3）。這個架構並非決定性的架構，企業即使不完全照著這個架構（例如碰到詐欺或

## 圖 3　企業衰敗五階段

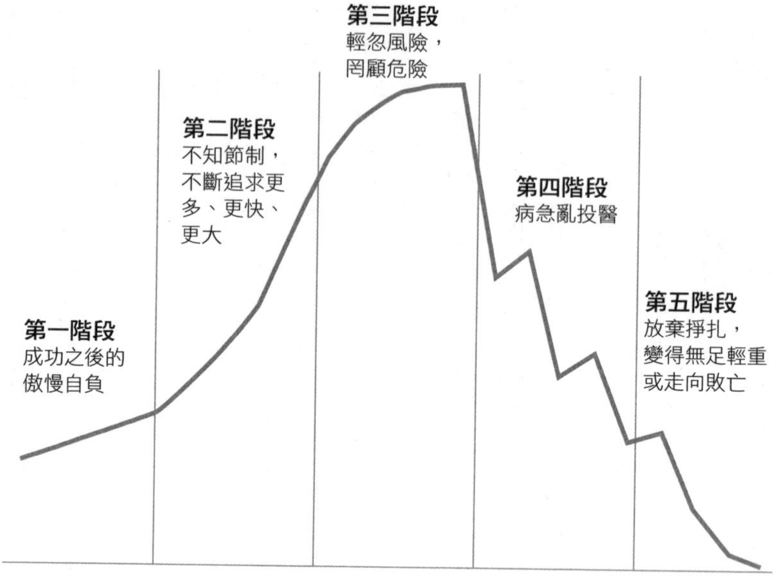

第一階段
成功之後的
傲慢自負
第二階段
不知節制，
不斷追求更
多、更快、
更大
第三階段
輕忽風險，
罔顧危險
第四階段
病急亂投醫
第五階段
放棄掙扎，
變得無足輕重
或走向敗亡

運氣太背、發生醜聞等），也可能步向敗亡；但這個架構可以準確描繪出我們所研究的諸多案例衰敗的過程，只有一家公司例外（A&P的第二階段出現不同的型態）。統計學教授包克斯（E. P. Box）曾寫道：「所有的模型都是錯誤的，有些模型卻很有用。」秉持他的精神，這個架構至少有助於了解A⁺公司衰敗的部分原因。同樣重要的是，我相信這個架構也能幫助領導人防止並偵測到可能的衰敗，進而扭轉情勢。

我們的架構包含了五個循序漸進的階段。我會先簡單扼要地說明這五個階段，然後在後面章節再詳細地一一說明。

**第一階段：成功之後的傲慢自負**。成功往往令卓越企業盲目。只不過，即使卓越企業的領導人做了糟糕的決策或喪失原本的紀律，之前累積的動能或許仍然能暫時推動公司前進，但當人們變得傲慢自大，認為自己理應成功而忽略了當初之所以成功的背後因素，那麼企業就會邁向衰敗的第一階段。當有關成功的種種說詞（「我們因為做了這些事情，所以才會成功」），取代了深入的理解和洞見（「我們之所以成功，是因為我們明白為什麼要採取這些做法，以及在什麼情況下，這些做法不再奏效」），就會逐漸顯露敗象。運氣和機會往往在企業的成功中扮演了一定的角色，如果忽略了運氣成分，高估自己的功勞和能力，就很容易變得過於自負。

**第二階段：不知節制，不斷追求更多、更快、更大。**第一階段的傲慢（「我們太厲害了，沒有辦不到的事！」）直接導向第二階段：毫無節制地追求更多，即更大的規模、更快的成長、更高的聲譽、更多在上位者心目中的「成功」。企業走到第二階段時，失去了原本有紀律的開創力，也就是當初令他們躍升到卓越的特質，反而不知節制地跳進自己不擅長、無法達到卓越水準的領域，或為了追求快速成長而放棄了對卓越的堅持。當組織因為成長太快而無法把對的人放在關鍵位子上時，就埋下了衰敗的種子。雖然對任何成功企業來說，自滿和拒變都很危險，但過度擴張更是許多企業巨人衰敗的主因。

**第三階段：輕忽風險，罔顧危險。**企業跨入第三階段時，內部已出現警訊，但由於外部成果依然亮眼，以致企業對惱人的數據置若罔聞，或認為碰到的問題只是「暫時的」或「週期性的」或「沒那麼糟」，以及「沒有什麼根本問題」。到了第三階段，公司領導人開始輕忽負面警訊、放大正面數據，對模稜兩可的訊息一律往好處想。在上位者開始把挫敗歸咎於外部因素，不肯承擔自己應負的責任。組織內部愈來愈見不到高績效團隊特有的生氣勃勃、實事求是的對話方式。領導人開始冒進，他們不但承擔了過高的風險，還拒絕正視冒險的後果，如此一來，就會一路墜落到第四階段。

**第四階段：病急亂投醫。**日漸累積的危險或愈來愈高的風險終於令公司表現一落千丈。這時最重要的問題是：領導人如何反應？是病急亂投醫，還是重拾紀律，即當初令公司表現卓越的重要因素？病急亂投醫的公司可能落入第四階段，情急之下開的藥方包括：找來目光遠大的魅力型領導人、採取未經檢驗的大膽策略、推出激進的轉型計畫、展開戲劇性的企業文化大革命，或者寄望一炮而紅的產品、扭轉乾坤的收購行動或其他仙丹妙藥。起先採取戲劇性的行動或許能帶來正面效果，但終究無法持久。

**第五階段：放棄掙扎，變得無足輕重或走向敗亡**。企業陷入第四階段的時間愈長，不斷尋找各種仙丹妙藥的結果，形成惡性循環，情況變得愈來愈糟了。到了第五階段，一路累積的失敗結果和昂貴的錯誤行動嚴重侵蝕了公司財力，領導人不得不放棄建構偉大未來的雄心壯志。在某些情況下，公司領導人乾脆賣掉公司；有些公司則日漸沒落、銷聲匿跡；最極端的情況則是，公司直接被淘汰出局，宣告壽終正寢。

雖然我們的研究顯示，衰敗的公司多半循序漸進地經歷這幾個階段，不過有些公司的衰敗過程可能會跳過某個階段。有的公司很快走完五個階段，有的公司則歷經多年、甚至數十年的煎熬。比方說，增你智公司花了三十年才走完五個階段，但樂柏美在第二階段結束後，只花了短短五年就快馬加鞭地走完剩下的三個階段。（我們的研究快結束時，貝爾斯登和雷曼兄弟等金融機構正好陷入風暴，這類大崩盤凸顯了企業崩

## 圖 4　企業衰敗五階段

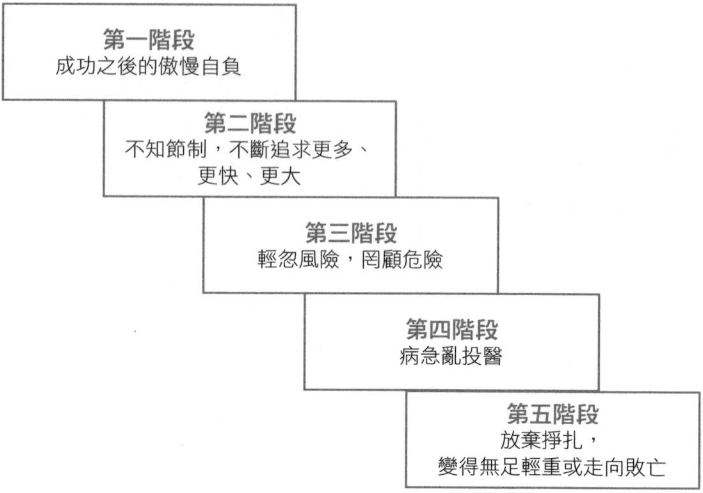


跌的速度有時候簡直快得嚇人。）有的公司停留在某個階段很長一段時間，然後快步走完其他階段。例如艾美絲百貨只花了三年經歷第三階段，卻在第四階段掙扎了十幾年，才終於豎起白旗投降、跨入第五階段。

五個階段也可能彼此重疊，前面階段的特性仍然影響了後面的階段，比方說，第一階段的傲慢自負很可能與毫無節制地追求更多（第二階段）、或甚至拒絕正視風險與危險（第三階段）齊頭並進（認為「我們基本上沒錯；我們很棒」）。圖4正顯示出五個階段如何互相重疊。

## 有所根據的合理希望

我曾經把本書初稿寄給不同的讀者，尋求批判性的建議，許多人都表示他們不喜歡我們對黑暗面的探討，甚至覺得有點沮喪。當你閱讀這五個衰敗階段，從一個個故事看著一度卓越的公司突然衰敗崩解時，可能也深有同感。這就好像檢視火車殘骸一樣，雖然從某種病態的角度而言可能還算有趣，但一點也不令人感到大受鼓舞。所以在展開這趟黑暗旅程之前，容我先提醒各位兩件事。

第一，透過探討卓越公司為何不再卓越、並拿來和持續成功的公司相比較，我們學到的東西遠勝於只研究成功的公司；更重要的是，保持高績效的其中一個關鍵，就在於了解為何卓越公司不再卓越。最好從別人的失敗中學習，而不要無知地重蹈覆轍。

其次，我認為這項研究提供了有所根據的合理希望。一方面，了解企業衰敗的途徑後，正在走下坡的企業也許能及早踩煞車，扭轉乾坤。另一方面，我們發現，有些公司在面臨第四階段的亂流而墜落谷底後，仍然能夠東山再起，而且有時重整旗鼓後，反而比過去更加壯大。例如紐可鋼鐵公司（Nucor）、諾斯壯（Nordstrom）、迪士尼（Disney）、IBM等公司都曾深陷泥沼，但最後都能反敗為勝。

所有的公司都會出現高潮、低潮，而且許多公司在發展歷程的某個時期，都會顯現出第一階段或第二階段，或甚至第三或第四階段的跡象。不過企業即使跨入第一階段，也不見得必然會一路走到第五階段。沒有證據顯示所有公司遲早都會殞滅，至少企業不是在百年之內必然滅亡，否則，你要怎麼解釋像寶僑（P&G）、3M和嬌生（Johnson & Johnson）等企業歷經一百年、甚至一百五十年後依然屹立不搖？只不過因為你們可能在犯錯後陷入衰敗五階段，並不表示你們注定會滅亡。只要不直直落入第五階段，仍然可以建立起長青的卓越企業。

許多卓越的A⁺公司可能都狠狠栽過觔斗，後來又東山再起。雖然你不能從第五階段重新出發，卻有可能奮力爬出第四階段的泥沼。許多公司最後仍然失敗了，我們不能否認這個事實，不過我們的研究顯示，組織衰敗大都是自己種下的因所結成的果，因此能否東山再起也完全操在我們自己手中。

閱讀接下來的章節時，你可能很想知道，企業發現衰敗跡象時該怎麼辦？答案是應該堅持嚴守紀律的管理作風，我們將在本書結尾探討東山再起的問題。但就目前而言，我們需要先探索黑暗面，了解企業巨人為何崩跌，才可能避免重蹈他們的覆轍。

第一階段

# 成功之後的傲慢自負

所謂「成功之後的傲慢自負」是不重視主要飛輪尚餘的潛能，
或更糟糕的是，出於無聊，開始把注意力轉移到下一波新浪潮，
而忽略了原本的飛輪，傲慢地以為自己自然而然會繼續成功下去。

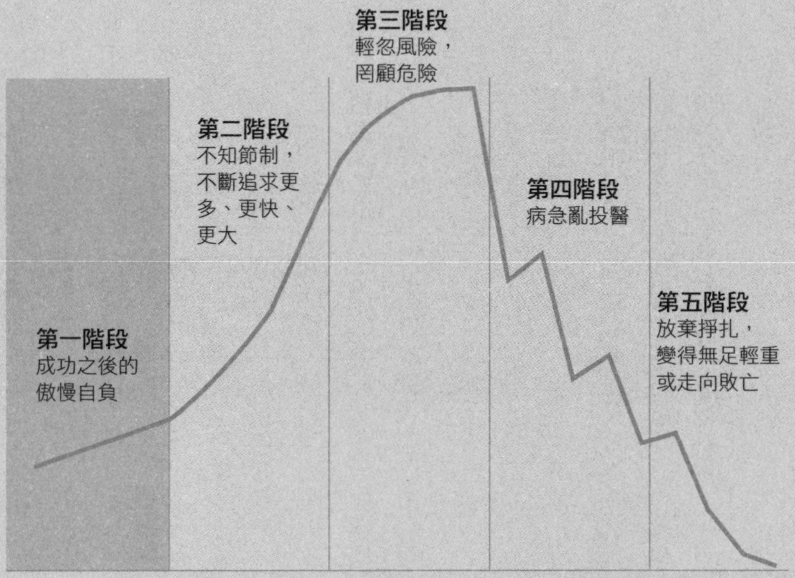

一九八三年十二月，最後一台美國製的摩托羅拉汽車收音機從生產線直接送達董事長羅伯特．蓋爾文（Robert Galvin）手中。這台汽車收音機不只是情感上的紀念品，同時也是具體的警惕，提醒摩托羅拉必須不斷自我更新、開發新科技。

蓋爾文從摩托羅拉的歷史學到的教訓是：寧可開創自己的未來，也不要坐等外在力量主宰你的選擇。一九二九年，成立不久的蓋爾文製造公司（Galvin Manufacturing Corporation）的第一個產品收音機的電池整流器即將過時，當時公司財務遭受重創，羅伯特．蓋爾文的父親保羅．蓋爾文（Paul Galvin）為了因應危機，努力開發汽車收音機，並把公司名稱改為摩托羅拉，公司開始轉虧為盈。但是這次幾乎滅頂的經驗塑造了摩托羅拉公司的創始文化，為公司建立起一個信念：過去的成就無法保證未來的成功，公司必須不斷追求進步和改善。

一九八九年，薄樂斯（Jerry Porras）和我曾經針對一百六十五位代表性的企業執行長進行調查，當時摩托羅拉被選為全世界最高瞻遠矚的公司之一，我們也將摩托羅拉公司納入《基業長青》的研究。在當時我們研究的十八家高瞻遠矚的公司當中，摩托羅拉在堅持核心價值、富有實驗精神、深具管理延續性和自我改善機制等幾項指標得分最高。我們注意到摩托羅拉率先推動六標準差品管計畫，規畫「技術藍圖」，前瞻未來十年可能出現的新機會。

然而到了一九九〇年代中期，摩托羅拉的年營收已經從十年前的五十億美元成長為二百七十億美元，耀眼的成就改變了摩托羅拉的文化，從虛懷若谷、戰戰兢兢轉變為傲慢自大。

一九九五年，摩托羅拉的高階主管對於即將推出的新產品StarTAC行動電話感到極度自豪；StarTAC是當時全世界體積最小的行動電話，率先推出光滑的翻蓋式設計。新產品只有一個問題：StarTAC採用的是類比技術，但當時的無線傳輸器已經開始採用數位技術。摩托羅拉對這個問題有什麼反應呢？長期密切注意摩托羅拉動向的美國《商業週刊》記者克羅奇特（Roger O. Crockett）表示，一位摩托羅拉的高層主管對數位技術的威脅嗤之以鼻：「四千三百萬個類比技術的顧客不可能全都看走眼。」當時摩托羅拉對貝爾大西洋公司（Bell Atlantic）之類的電訊公司態度強硬地表示，如果想拿到熱門的StarTAC，就必須同意我們的規則：大部分的電話（高達七五％）都必須採用摩托羅拉的產品，而且必須設置單獨的展示空間來促銷摩托羅拉的電話。這種頤指氣使的態度激怒了貝爾大西洋公司，於是他們也針鋒相對地表示，貝爾公司要鋪多少貨，沒有製造商置喙的餘地。據報導，一位貝爾大西洋公司的領導人質問摩托羅拉的主管：「你是打算告訴我（如果我們不同意你們的條件），你們就不打算在曼哈頓賣StarTAC了？」

就這樣，摩托羅拉傲慢的態度給了競爭對手可趁之機。摩托羅拉曾一度占據了行動電話市場的半壁江山，穩坐全球第一大行動電話公司寶座，此時卻開始走下坡，到了一九九九年，市占率只剩下十七％。摩托羅拉的衰敗正是始於第一階段：成功之後的傲慢自負。

## 因傲慢而輕忽

古希臘人把「hubris」這個詞定義為扼殺英雄人物的過度驕傲，或引用費爾斯教授（J. Rufus Fears）的話，是「令無辜者飽受煎熬的蠻橫自大」。摩托羅拉在二〇〇一年初還有十四萬七千名員工，到了二〇〇三年只剩下八萬八千人，足足削減了將近六萬個工作。當摩托羅拉循著衰敗五階段逐步殞落時，股東也深受其害，從一九九五到二〇〇五年，投資摩托羅拉股票的報酬率足足落後大盤五〇％。

一九九五年十月，美國《富比士》雜誌刊登了一篇讚揚電路城執行長的報導文章。在這位執行長的領導下，電路城每年的成長率高達二〇％以上，公司規模在十年內擴大了將近十倍。如何才能維持這樣的高成長呢？《富比士》雜誌評論道，畢竟每個市場終究都會成熟飽和，而這位精力充沛的執行長「完全無意坐等競爭對手大軍壓境」。所以電路城主動出擊，尋找下一波大浪潮。他們已經率先推出 CarMax，前瞻性地將電路城經營超級商店的專業知識運用在二手車買賣上。電路城也跨入 Divx 的新事業。如果顧客使用一種特殊的DVD放影機，那麼他們租DVD回家看時，愛租多久就可以租多久，直到觀賞完畢為止。好處是：顧客借了DVD以後，不必在還抽不出時間觀看時就得匆匆歸還。

走過衰敗五階段時，我們會見到各種形式的傲慢自負，包括公司毫無節制地跨入非自己最擅長領域的自負；為了追求快速成長，而不再堅持卓越的自負；悍然不顧種種反面證據，執意做出高風險大膽決策的自負；還有一種自負是拒絕面對公司可能陷入危機的徵兆，漠視外在威脅和內部崩壞帶來的危險。最詭譎難測的自負則是：過於傲慢造成的疏忽。

《華爾街紀錄》（*Wall Street Transcript*）在一九九八年末訪問了電路城執行長。記者問他，電路城的投資人有沒有什麼該擔心的地方，他回答：「（投資人）對我們經營企業的能力大可放心。」然後他又覺得需要補充。「我想有的投資人覺得……在 CarMax 和 Divx 的投資轉移了我們對電路城核心事業的注意力。但是看看我們……今年上半年電路城的收入成長了四四%，」他下了結論，「公司的情況好得很呢。」

然而，電路城卻順著五個衰敗階段直線下滑。獲利率愈來愈低，股東權益報酬率從一九九〇年代中期的二〇%掉到只剩下個位數，最後出現二十五年來的首次虧損。二〇〇八年十一月十日，電路城終於宣布聲請破產。

電路城是在一九七〇年代初期開始累積動能，後來在沃澤爾（Alan Wurtzel）的領導下，從一家還不錯的公司躍升為卓越的$A^+$級公司。和所有的卓越公司一樣，他們乃是經歷了持續不斷的努力，長期累積後才終於攀上高峰，就好像推動巨大沉重的飛輪一樣，每一次的推力都和過去日積月累的努力產生加乘效果，激發更大的動能，讓飛輪從轉一圈增加到轉十圈，從轉十圈到轉一百圈，從轉一百圈到轉一千圈，從轉一千圈到轉一百萬圈。等到組織成功推動了一個飛輪，就有可能推動第二個或第三個飛輪。但無論在任何領域，要持續成功就必須和剛起步時同樣努力地推動飛輪，而電路城顯然沒有這樣做。日漸衰落的電路城是個很好的例子，讓我們看到如後面所示「因傲慢而輕忽」的循環：

一、成功推動飛輪。

二、也許因為面臨威脅或看到更吸引人的新機會（或只不過覺得沉悶無趣），你們忍不住這麼想：新機會應該會帶來更多成功。

三、你們把創造力和注意力都轉移到高風險的新機會上，而沒有繼續改善維繫公司命脈的飛輪。

四、新的高風險事業一敗塗地，消耗掉你最好的創造性能量，或雖然沒有失敗，卻比你預期中花了更長時間才成功。

五、你重新專注於本業，卻發現原本的飛輪動盪不安，早已失去先前的動能。

能夠滿足人類基本需求（而且你們比其他人都擅長）的核心事業，幾乎不太會落伍過時。在我們分析的企業衰敗案例中，只有增你智一家公司因為專注於核心事業太久，沒能正視即將滅亡的危機而慘遭淘汰。而且這些企業在我們進行比較分析的期間內，有六成對照公司（成功的公司）比失敗的公司花更多心力改進和發展核心事業。

我並不是說你們絕對不可以踏入新領域，也不是一口咬定電路城投資 CarMax 或 Divx 是錯誤的決策。開創 CarMax 這類事業需要發揮豐富的想像力；電路城創造了嶄新的商業概念，把消費性電子商品的銷售概念運用在二手車買賣上（希望將專業的連鎖店經營模式引進不專業且分崩離析的二手車市場）。的確，當初若保住 CarMax 不賣，說不定電路城的情況還好一點。至於 Divx 的構想雖然在市場上慘遭滑鐵盧，仍然可以把它定位為一個不成功的小實驗，當做《基業長青》的原則「多方嘗試，汰弱擇強」的正面教材。真正的教訓在於，電路城無法像二十年前剛創業時那樣，充滿熱情地不斷為電子產品的超級商店注入新活力。最諷刺的是，電路城持續成長和成功的最大契機，其實仍然來自於它的核心事業，而競爭對手「百思買」（Best Buy）就是最好的例證。

## 百思買的致勝關鍵

一九八一年，龍捲風橫掃美國明尼蘇達州的羅斯維爾鎮（Roseville），把當地商店「音樂之聲」（Sound of Music）的展示室吹得支離破碎。玻璃碎片和木片在強風中飛舞，逼得顧客四處走避。幸運的是，儲藏室逃過了一劫，為店主蕭爾茲（Richard Schulze）保住了一箱箱音響設備和電視機。蕭爾茲腦筋動得很快，決定在停車場辦一場「龍捲風大拍賣」，把所有的行銷預算都拿來大做廣告，結果顧客蜂擁而至，造成交通阻塞，甚至在公路上形成三公里長的車龍。蕭爾茲明白，自己無意中發明了一個好點子：拚命打廣告，然後在毫無裝潢的簡單場所（離停車場只有一步之遙）廉價銷售名牌商品。他根據這個新發現，投入所有積蓄，創辦了一家消費性電子產品的超級商店，並取名為「Best Buy」。

從一九八二到一九八八年，百思買在美國中西部開了四十家超級商店（稱之為概念I商店）。一九八九年，經過有系統地詢問顧客如何才能改善他們的購物經驗後，百思買設計出概念II商店模式，以「協助顧客找到最佳答案」的顧問式文化，取代靠佣金激勵的銷售文化。一九九五年，百思買又開創了概念III超級商店，顧客可以透過各種酷炫的方式獲得產品資訊，包括觸控式導覽機、供顧客測試音響的汽車內部模擬，還有讓顧客試聽音樂的CD聆聽站、測試電玩遊戲的區域等。一九九九年，他們又推出概念IV超級商店的設計，在五花八門的無數電子新產品中為顧客指點迷津。百思買繼續演進，在二〇〇二和二〇〇三年又增加了「技客服務隊」（Geek Squad），協助陷入科技迷陣的顧客。

直到一九九〇年代末期，我們幾乎沒有看到任何跡象，顯示電路城高階主管認真看待百思買的威脅。如果電路城曾投注同樣的創造性能量，讓電路城的超級商店足以和百思買匹敵，提供顧客另外一種選擇，一九九七（當時兩家公司營業額不相上下）到二〇〇六年的成長率也能達到百思買一半的話，那麼電路城在那段時間將創造出比實際值多出一倍的營收。但結果，無論在每位員工平均獲利或公司整體營收，百思買都超越電路城兩倍半，一九九五年投資於百思買的每一塊錢，到了二〇〇六年所獲得的報酬都是投資於電路城的四倍。

所謂「成功之後的傲慢自負」是不重視主要飛輪尚餘的潛能，或更糟糕的是出於無聊，開始把注意力轉移到下一波新浪潮，而忽略了原本的飛輪，傲慢地以為你們自然而然會繼續成功下去。即使核心事業即將滅亡，仍然沒有理由放任它自生自滅。企業要不就明確退場，要不就努力重整旗鼓，但絕不要忽略了原本的飛輪。

如果你們一方面覺得應該執著於過去的成功因素，另一方面又擔心接下來該怎麼辦，在兩者之間不斷拉鋸的話，不妨問自己兩個問題：

一、你們原本的飛輪在未來五到十年內，會不會因為無法控制的外在因素而面臨不可避免的滅亡——是否不可能繼續保持世界一流水準和強勁的經濟引擎？

二、你們對原本的飛輪是否已經失去熱情？

如果你們針對這兩個問題的答案都是否定的，那麼應該一如草創時期，以同樣豐富的想像和強勁的力道持續推動飛輪。（當然，你們也需要繼續試驗新構想，一方面刺激進步，另一方面也為不確定的未來預留後路。）

這並不表示我們鼓吹固定不變、毫無想像的重複。相反地，這就好像百思買的商店模式從概念I演變到概念II，再到概念III及以後無數的新概念一樣，代表源源不絕的創新活力。這就好比畢卡索身為藝術家，絕不會只為了尋找新生命而放棄繪畫和雕塑，轉而當小說家或銀行家；他一輩子都在畫畫，但也在繪畫活動中經歷了不同的創作階段，從藍色時期到立體派，再演變到超現實主義。貝多芬沒有藉由放棄音樂、改為吟詩作畫來重新發現自我；他最主要的身分仍是作曲家，但他並沒有把第三號交響樂的旋律重複寫了九遍。

## 把「做什麼」和「為什麼」混為一談

卓越的A⁺公司和藝術家一樣，一方面努力維持卓越於不墜，但又希望展現驚人的創造力，因此強化了「延續」與「改變」之間的建設性張力。他們一方面堅持過去成功的原則，另一方面又持續不斷地演進，運用創意，聰明地調整和改善過去的做法。百思買比電路城更能參透這個原則，所以即使百思買的超級商店不斷改造變身，卻始終不曾違背當初造就百思買大業的主要洞見（顧客喜歡在可以輕鬆閒逛的友善環境裡購買低價的名牌商品）。當企業不懂得區分當前的做法和恆久的成功法則，食古不化地誤把目前的做法當成金科玉律時，就會自取滅亡。

一九五七年，喬治・哈特福（George Hartford）躺在病榻上行將就木時，召來忠心耿耿的左右手博格（Ralph Burger），懇求博格答應他臨終的心願：「好好照顧這個組織。」哈特福兄弟（喬治・哈特福和約翰・哈特福〔John Hartford〕）為父親交給他們的公司「大西洋與太平洋茶葉公司」（A＆P）奉獻了一輩子。喬治・哈特福過世時，數十年來一直是他頭號親信的博格也將近七十歲了，博格努力實現神聖的誓言，一本初衷，盡力延續和維護哈特福家族留下來的龐大事業。他披上哈特福兄弟的權威外衣，這不僅是個比喻而已，根據《大西洋與太平洋茶葉公司的崛起和衰落》（*The Rise and Decline of The Great Atlantic & Pacific Tea Company*）一書中描述，博格喜歡穿上約翰的衣服，然後說：「約翰不會想看到這幾套著名的灰色西裝白白浪費掉。」由於A＆P當時高高在上，穩坐全球最大零售商的寶座，博格認為，「好好照顧這個組織」表示應該繼續保持A＆P特有的做法和風格；所以直到一九七三年，約翰・哈特福的辦公室仍然原封不動，和二十年前完全一樣，甚至衣櫥裡同一個位置上還掛著相同的衣架。

在博格主政時期，A&P擺出傲慢姿態：「這就是我們的行事風格，而且我們會繼續成功，因為……我們是A&P！」然而在面對克羅格（Kroger）這類新型商店的威脅時，傲慢的作風就變成他們的罩門。博格沒有問自己一個根本問題：A&P當初究竟為什麼成功？我指的不是A&P過去曾採取哪些有效的做法和策略，而是A&P當初究竟為什麼會成功。雖然A&P還有一批經歷過大蕭條、如今日益衰老的死忠顧客，但是在新世代心目中，A&P早就已經變得無足輕重。一位零售業觀察家諷刺地說：「A&P就和殯葬業者一樣，每次看到靈車經過，可能都會感嘆：『又走了一個老顧客！』」

重點不僅僅是「不改變，就完蛋」這麼簡單。我們在後面幾個衰敗階段會看到，亂變一通的公司和不知變通的公司一樣，終將走上衰敗之路。堅持一定的做法和策略本身並沒有錯（的確，卓越的A⁺公司往往展現驚人的一致性），但你必須了解這些做法背後的原因，並認清何時應該改變、何時應該固守原本的做法。

你現在或許感到很納悶：「你怎麼知道這是成功背後的真正原因呢？」我們的研

究發現，卓越的領導人不會假定自己已經完全了解成功的所有因素。他們始終有那麼一點忐忑不安，生怕自己的成功其實要感謝幸運之神的眷顧或純屬偶發的意外。請比較一下這兩種不同的態度：

**態度一**：假定你貶低自己的成功（「我們可能只是運氣好，或只不過剛好天時地利人和，或憑著一股衝勁，或沒有碰到真正的對手罷了」），因此一直憂心忡忡，不斷設法加強自己的實力，占據更有利的位置，以免有一天運氣用光了。萬一你錯了，會有什麼壞處呢？壞處可說微乎其微。萬一你錯了，由於抱著嚴以律己的態度，你只會變得更加堅強茁壯。

**態度二**：假定你認為成功都要歸功於你們優越的條件（「我們本來就應該成功，因為我們這麼優秀、這麼聰明、這麼會創新、這麼令人讚嘆」），萬一你錯了，有什麼壞處呢？壞處可大了。當你從美夢中驚醒、看清楚自己的罩門時，可能為時已晚，頓時變得不知所措。

在我們的研究中，卓越企業領導人就好像狂熱好奇的科學家，會不斷問問題——為什麼、為什麼、為什麼？——而且他們都有一種無可救藥的毛病，總是忍不住要挖空別人的腦袋。「知者」(「我已經曉得這是怎麼回事了，聽我說」)和「學者」在根本上有很大的差異。「知者」可能引領公司走上兩條不同的衰敗道路。一方面，他們可能固執己見，一味堅持特定的做法(「我們知道公司是因為採取這些做法而成功，所以沒有理由質疑這些做法」)，就和A&P的情形一樣；另一方面，他們也可能跨出太大的一步，進入不同領域，或者已經成長到一定的規模，以至於不適合再套用原本的成功因素(「我們一直很成功，可以賭大一點，追求高成長，或大膽跨入高風險的新事業」)。接下來這兩家公司的對照分析就是很好的例子，其中一家公司後來變成美國最大的公司，而另外一家公司，也是它的競爭對手，則早已關門大吉。

## 小公司的大點子

一九五〇年代末期，有一家沒沒無聞的小公司想出一個偉大的點子：「在鄉間和小鎮推廣平價商店」。他們是第一家押寶在這個想法上的公司，也靠著每天打出所有商品最低價(而不僅僅是少數特價品)的銷售策略，遙遙領先同業。高瞻遠矚的企業領導人和員工建立起夥伴關係，同時還辛苦建立複雜的資訊系統，培養績效導向的企業文化，每個星期一清晨五點鐘都和店長一起評估計分卡。於是，不但小鎮大街的諸多商店毫無招架之力，連最大的競爭對手凱瑪百貨（Kmart）都遭到他們迎頭痛擊。如果你在一九七〇年代投資這支股票並繼續持有，那麼到了一九八五年，你投資的每一塊錢價值都成長了六十倍。

你猜，這家公司是什麼公司？

如果你猜沃爾瑪的話，這是個好答案，但是抱歉，答錯了。

正確答案是艾美絲百貨公司。

艾美絲百貨公司誕生於一九五八年，創業理念和後來令沃爾瑪聲名大噪的構想如出一轍，而且早在創辦人沃爾頓（Sam Walton）開辦第一家沃爾瑪商場之前四年，艾美絲百貨就已經開張營業。接下來二十年，兩家公司都以破竹之勢快速擴展，沃爾瑪在美國中南部發展，艾美絲則在東北部大展鴻圖。從一九七三到一九八六年，艾美絲和沃爾瑪的股票表現幾乎不分軒輊，兩家公司的股票報酬率都是大盤的九倍。

那麼，在我們撰寫本書之時（二〇〇八年），艾美絲安在哉？

壽終正寢，銷聲匿跡，再也沒人聽過這個名字。而沃爾瑪至今仍活得好好的，在《財星》五百大企業排行榜上獨占鼇頭，年營收高達三千七百九十億美元。

發生了什麼事？沃爾瑪和艾美絲究竟有什麼不同？

答案就在於沃爾頓的虛心態度和好學精神。一九八〇年代末，一群巴西投資人在南美洲買下一家平價零售連鎖系統。他們買下公司後，認為最好多學一些關於平價連鎖店的知識，於是寄信給美國十家零售公司的執行長，詢問能否和他們會面，向他們討教應該如何經營新公司。結果，絕大多數的執行長不是拒絕會面，就是根本沒有回信，只有一位執行長回信：沃爾頓。

這群巴西人在阿肯色州班登維爾市（Bentonville）下飛機後，一位和善的白髮紳士走過來，問他們：「需要幫忙嗎？」

「我們想找山姆．沃爾頓先生。」

「我就是山姆。」老先生說，然後領著一行人到他的小貨車，巴西人就和沃爾頓的狗狗歐洛依一起擠在車子裡。

接下來幾天，大家吃過晚餐、一起在廚房洗碗時，沃爾頓往往一個問題接著一個問題對這群巴西人疲勞轟炸，探詢有關巴西和拉丁美洲零售業的各種資訊。最後，巴西人才明白，雖然沃爾頓創辦的公司很可能是全球第一家年營業額破兆美元的企業，但他滿腦子想的都是怎麼從他們身上學到東西，而不是教他們做生意。

事實上，沃爾瑪的成功令沃爾頓憂心不已。當沃爾瑪逐漸成長為年營收數千億美元的大企業後，沃爾頓很焦急怎麼樣才能把他的目的感和謙虛好學的精神注入公司文化，因此即使在他百年之後，這樣的精神仍然可以長存。他認為要避免志得意滿、傲慢自負，就要把公司交到和他一樣好學不倦、謙虛自持的執行長手上，所以沉默低調的葛拉思（David Glass）雀屏中選。大多數非零售業的人士都沒聽過葛拉思的名字，這也正中葛拉思的下懷。葛拉思從沃爾頓身上學到的是，沃爾瑪不是為了彰顯領導人的偉大而存在，沃爾瑪乃是為了顧客而存在。葛拉思堅信沃爾瑪的核心目的（讓普通老百姓也買得起過去只有富人才買得到的商品），也堅持沃爾瑪的所作所為必須忠於這個目的。他和沃爾頓一樣，努力不懈地為沃爾瑪尋找達到目的的更佳途徑。他不斷網羅優秀人才、建立公司文化、跨入新領域（從食品雜貨到電子產品），同時仍然堅持最初令沃爾瑪躍升到卓越的根本原則。

沃爾瑪的接班過程十分平順，沃爾頓交棒給自家培養的接班人，葛拉思非常了解沃爾瑪成功的原因，能夠以身作則，示範沃爾瑪的文化DNA。艾美絲則恰好相反，執行長吉爾曼（Herb Gilman）從外部引進空降部隊，接班人雄心萬丈，大膽改造公司。沃爾瑪對公司的核心價值、目的和文化，始終保持著近乎宗教般的狂熱；艾美絲則恰好相反，追求快速成長，很快就陷入衰敗的第二階段：不知節制，不斷追求更多、更快、更大。這也是我們下一章要討論的主題。

## 本章總結

# 第一階段的主要徵兆

從衰敗的第一階段到第四階段，我會在每個階段的末尾，用幾個主要徵兆為這個階段做總結。並不是每個徵兆都會出現在所有衰敗案例中，而且出現某個徵兆也不見得代表貴公司生病了，但確實表示貴公司愈來愈可能正處於某個衰敗階段。你可以把這些徵兆當成自我診斷的清單。有的徵兆在前面幾頁談得很少，或幾乎沒有怎麼解釋，原因很簡單，它們的意義很明顯，幾乎無須說明。

- **傲慢自大，視成功為理所當然：**認為成功是「應得的」，不認為成功是偶發的意外，可能稍縱即逝，或成功乃是經過辛苦耕耘，得來不易；並且開始認為，無論組織決定採取哪些行動或不採取哪些行動，都會繼續成功。
- **忽略了最初的飛輪：**領導人因為外在的威脅或機會而分心，忽略了最初的飛輪，沒能以和過去同樣豐富的想像力和強勁的力道持續推動飛輪。

- **強調「做什麼」，而不是「為什麼」：**對成功的說詞（「我們之所以成功，是因為做了這些事情」）取代了理解和洞見（「我們之所以成功，是因為我們了解為什麼要採取這些做法，在什麼情況下，這些方法不再奏效」）。
- **不再好學不倦：**領導人失去了好奇心和好學不倦的精神，但真正的偉人無論事業多麼成功，都仍然像初出茅廬時同樣認真學習。
- **不認為自己很幸運：**不承認自己的成功有運氣和偶然的成分，反而假定成功完全是因為企業和領導人所具備的優越特質。

第二階段

# 不知節制，不斷追求更多、更快、更大

傲慢自負會令人輕率地承諾更多、更多、更多，

然後有朝一日，在期望高得不切實際時狠狠跌一跤。

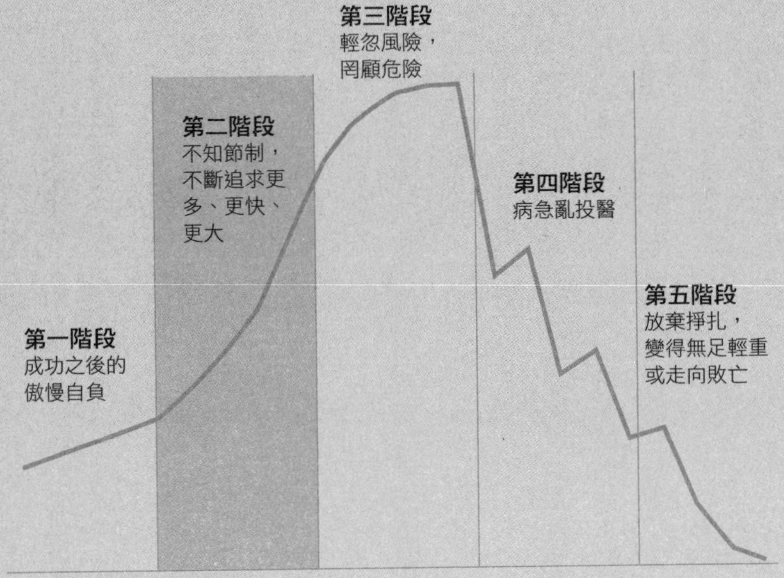

一九八八年，艾美絲買下吒爾（Zayre）百貨公司，宣稱要在一年內將公司規模擴大兩倍以上。可是，你無法只購併〇．二或〇．五或〇．七，收購是零與一的決策。你要不就是收購，要不就是不收購，不是一就是零，沒有中間地帶。如果收購的決定結果證明是錯的，你也無法從頭來過。凡是不符合你們的核心價值、或會破壞企業文化、或不是你們的強項、或違反經濟邏輯的合併或收購案（大型收購決策往往出於浮誇，而不是深刻的理解和洞見），可能都會令你們一敗塗地。

就艾美絲的案例而言，吒爾百貨收購案摧毀了艾美絲打造了三十年的飛輪。沃爾瑪繼續專心地在鄉間小鎮服務顧客，還不急著踏進都會區，艾美絲卻因為收購吒爾而掀起劇烈變革，一夕之間成為都會區的重要百貨公司。當沃爾瑪仍然堅持每天以低價銷售所有品牌時，艾美絲戲劇性地改變策略，更仰賴賠本出售的特價促銷活動。從一九八六到一九八九年，艾美絲的營業額加倍成長，但成長大都不符合當初令艾美絲躍升到卓越的策略性洞見。從一九八六到一九九二年，艾美絲陷入破產困境，累計股票報酬率也下跌九八%。儘管艾美絲後來東山再起，卻再也無法恢復原本的動能，終於在二〇〇二年遭到清算。在這段期間，沃爾瑪持續不斷在美國攻城掠地，一步一步，一家店接一家店，從一個地區到另一個地區，直到抵達美國東北部，在艾美絲的地盤上用當初艾美絲首創的商業模式，將艾美絲徹底擊垮。

## 不是自滿，而是走過頭了

我們往往以為A+巨人之所以倒下，大都是因為志得意滿，他們不再激發創新，也不肯展開大膽的行動或推動變革；換句話說，他們變得愈來愈懶散，所以眼睜睜地坐視世事變化。這個理論滿有說服力，但是有一個問題：和我們的資料不符。當然，任何企業如果變得志得意滿，拒絕改變或創新，最後終究會失敗。然而令人訝異的是，我們分析的公司在衰敗時並未顯露出太多自滿的跡象；過度擴張反而較能解釋一度所向無敵的企業為何走上自我毀滅的道路。

在我們分析的案例中，只有A＆P一家公司顯露出自滿的明顯跡象（循著傲慢自負→志得意滿→罔顧風險→病急亂投醫的型態演進）。我們發現在其他案例中，無論是因為雄心壯志、開創精神、積極進取的心態或純粹出於恐懼，處於第二階段的企業往往表現得衝勁十足（請參見〈附錄4A〉的證據）。我們甚至在這個階段找到實質的創新證據，推翻了過去的假設，即失去創新活力是卓越公司開始衰敗的前兆。在我們研究的十一個案例當中，只有三家公司在衰敗初期就停止創新（A＆P、史谷脫紙業和增你智）。從一九九一到一九九五年，摩托羅拉獲得的專利數目從六百一十三件增加到一千零一十六件，專利生產力「在美國名列第三」。默克藥廠從一九九六到二〇〇二年研發的新藥物取得了一千九百三十三件專利（在業界排名第一，領先第二名的藥廠四百件），然而默克當時已經開始衰敗。一九九九年，惠普推出名為「創新」（Invent）的改造工程，兩年內專利申請件數幾乎加倍，可是當時他們已經進入衰敗的第四階段。

然後是樂柏美可怕的潰敗。一九九〇年代初，兩位樂柏美主管參觀大英博物館的古物部門。根據《財星》雜誌的報導，其中一位主管表示，古埃及人「使用很多廚房器具，其中有一些很好用」。這些深具巧思的廚房器具給他很多靈感，離開博物館之後，他想到了十一個新產品構想。「埃及人想了很多好點子來儲存食物，」另外一位主管也呼應他的話，「他們發明了精巧的小槓桿，可以輕鬆掀開木製容器的蓋子。」

只不過參觀大英博物館一次，就想出十一個新構想，聽起來好像很多，但是想到樂柏美立志一年三百六十五天、天天至少要推出一個新產品，而且每隔十二到十八個月就要跨入新的產品類別，那麼十一個新構想實在不足為奇。樂柏美執行長在一九九四年宣稱：「我們的願景是成長。」他還在願景宣言中勾勒出「大躍進式的成長」輪廓。成長主要來自於同時推動很多新計畫，包括新市場、新購併案、新地理區域、新技術、新合資案，更重要的是每年數以百計的新產品。樂柏美榮登「美國聲譽最佳企業」第一名寶座時，《財星》雜誌寫道：「他們在創新項目上拿到A的高分。」比

3M、蘋果和英特爾更懂得創新。

樂柏美在三年內密集推出一千個新產品，但一方面，由於原料成本在十八個月內上漲了一倍，樂柏美遭受重擊；另一方面，野心勃勃的成長目標又令他們壓力倍增，於是樂柏美開始衰敗，連控制成本和如期交貨等基本功都做不好。從一九九四到一九九八年，樂柏美快步走過衰敗五階段，速度之快，令任何享受過暴紅滋味的人都為之膽戰心驚。一九九五年第四季，樂柏美出現數十年來首度虧損，於是淘汰了將近六千種不同的產品，關閉九座工廠，裁掉一千一百七十個工作，同時也完成有史以來最龐大的收購案之一，重新制定薪資獎勵制度，押寶在網際網路上，把網路視為樂柏美的「復興工具」。樂柏美繼續亂槍打鳥，兩年多以後又展開第二波組織再造，並在一九九八年十月二十一日賣給紐維爾公司（Newell Corporation），喪失了東山再起、重登高峰的機會。創新可以推動成長，然而漫無章法的創新會破壞戰術的卓越性和一貫性，令公司兵敗如山倒。

問題是：為什麼我們會無視於反面證據，仍然本能地把志得意滿和缺乏創新當做衰敗的主要型態？我可以提供兩個答案。第一，卓越公司的創建者天生就充滿熱情，幹勁十足，不斷追求進步。如果我們研究的是從來不曾達到卓越境界的公司，或從平凡淪為三流的公司，也許就會看到截然不同的企業特質和發展型態。其次，或許大多數人都希望將別人的失敗歸咎於自己所沒有的性格缺陷，而不希望面對一個可怕的可能性：自己也有相同的弱點。「他們之所以失敗，是因為變得懶散自滿，但我這麼賣命工作，又願意改變、不斷創新、熱情領導，完全沒有那些性格上的缺陷，所以我有足夠的免疫力，一定不會失敗！」但是當然，即使是熱情積極、努力不懈和極富創意的人，仍可能導致災難性的衰敗。基本上，二〇〇八年華爾街金融風暴的主因不是缺乏衝勁或野心不足，而是走過頭了——冒太大的風險、財務槓桿操弄過火、太多財務創新、太過投機冒進、成長太快。

## 成長的迷障

一九九五年，默克藥廠董事長兼執行長吉爾馬丁（Ray Gilmartin）在每年一度致股東的信中說明公司的首要目標是：成為一流的成長公司。不是獲利率，不是研發出突破性的新藥，不是卓越的科學成就或研發水準，也不是提高生產力（雖然吉爾馬丁的確將以上幾點列為默克策略的根本要素），但首要目標仍是：成長。默克接下來七年持續追求成長。在二〇〇〇年的公司年報中，默克董事長在致股東的信中開宗明義表示：「默克公司完全專注於追求成長。」

事實上，當時默克的五種藥品將在二〇〇〇年代初期喪失美國的專利權保護，而這五種藥加總起來的年營收高達將近五十億美元，因此這時候默克公開宣稱要追求高成長，就顯得特別奇怪。因為勢力日益膨脹的山寨學名藥品將削弱默克的訂價能力，搶走數十億美元的銷售業績。更可怕的是，吉爾馬丁必須比他的前任執行長瓦吉羅（Roy Vagelos）在更龐大的基準上達到成長目標。像瓦吉羅那樣，在一九八〇年代末期不斷研發新藥、在五十億美元的營業額基礎上追求成長是一回事；但是要開發夠多的新藥，在二百五十億美元的營收基礎上，推動和過去一樣或甚至更快速的成長，又是另外一回事了，而吉爾馬丁在一九九〇年代末期面對的正是這種情況。對於默克這類主要仰賴科學發現的公司而言，成長變得日益困難。根據哈佛商學院的案例研究，靠任何新發明賺大錢的機率只有一萬五千分之一。

「但是完全看不出吉爾馬丁在擔心這個問題。」美國《商業週刊》在一九九八年的報導中指出。默克為什麼對公司前途這麼有信心？在默克一九九八年的公司年報中，董事長的第二段話揭露了部分答案：新藥「偉克適」（Vioxx）。一九九九年，美國食品藥物管理局批准默克藥廠推出新藥偉克適，默克大力促銷新藥，在年報封面上極力讚頌：「偉克適：我們規模最大、最快也最好的新藥上市計畫。」

二〇〇〇年三月，針對八千名類風溼性關節炎病患所做的初步研究結果展現了偉克適的一大優點：能當做止痛藥使用，引起的胃腸道副作用比另外一種止痛藥「那普洛先」（Naproxen）少得多。然而這項研究也提出一個令人困擾、儘管尚無定論的問題：偉克適在安全上的疑慮……和服用偉克適的病患相較之下，服用那普洛先的病患發生「栓塞性心血管事故」（也就是心臟病發和中風）的機率較低。由於這項研究的設計沒有涵蓋服用安慰劑的對照組，因此可以從很多不同的層面來詮釋研究結果：那普洛先能降低心血管疾病的風險，偉克適會增加心血管疾病的風險，或兩者綜合起來的情況都有可能。那普洛先和阿斯匹靈一樣，具有科學家所謂「保護心臟」的功效，而默克的推論是，心血管疾病發生頻率之所以出現差異，「很可能是因為那普洛先發揮了保護心臟的效果」。

二〇〇二年之前，偉克適的銷售額已高達二十五億美元，到了二〇〇四年，美國醫界更開出超過一億次偉克適處方，包括吉爾馬丁的妻子都服用過偉克適。在這段期間，外界批評者仍然繼續對偉克適提出質疑，默克則提出幾項研究的中期報告作為抗衡，研究對象涵蓋了二萬八千名病患，強調服用偉克適的病患出現心血管疾病的風險並沒有比較高。

二〇〇四年九月中，偉克適預防大腸息肉研究的安全監控小組接到聯邦快遞送來的警告數據。根據《華盛頓郵報》（*Washington Post*）記者馬斯特（Brooke Masters）和考夫曼（Marc Kaufman）的報導，安全監控小組把數據仔細研究了好幾天，不得不面對一個嚇人的結論，他們的結論後來經過整理，刊登在默克的年報中：「接受治療的病患在服用偉克適十八個月後，和服用安慰劑的病患相較之下，發生心臟病發和中風等心血管事故的風險日益升高。」研究督導委員會於是決定停止實驗，震撼了整個默克公司。「簡直是晴天霹靂。」吉爾馬丁告訴美國《波士頓環球報》（*Boston Globe*），當他得知督導委員會的決定時，「我大吃一驚。」這裡必須誇獎一下吉爾馬丁，他當時立刻做了一個明快的決定。吉爾馬丁得知新數據不到一個星期，就在九月三十日自動把偉克適撤出市場。默克的股票馬上從四十五美元下滑至三十三美元，默克的市值在一天內縮水了二百五十億美元，到了十一月初，默克的股票進一步跌破二十六美元，股東又再損失了一百五十億美元；默克的市值在六星期內蒸發了四百億美元。

在我們撰寫本書之時，偉克適事件仍然餘波盪漾，和法院、市場、投資人、醫療科學界以及社會大眾相關的各個層面仍在繼續發展。我探討這個案例的用意不是要指責默克領導人是壞蛋，為了追求利潤而不惜犧牲病患的生命，或把他們捧為英雄，不待別人要求就勇敢地把能賺大錢的產品撤出市場。我更不是要指稱默克追求暢銷產品是個錯誤；事實上，默克數十年來一直設法推出暢銷的新藥，通常都很成功，也造福了許多病患。我真正想強調的是，由於默克致力於追求高成長，因此偉克適勢必要成為熱門產品不可，結果一旦偉克適無法達到他們的期望，默克就一敗塗地。

如果默克的一貫做法是「少承諾但多做」，那麼我們或許不必在此大費周章討論製藥巨人默克的大崩跌。但這正是問題所在。傲慢自負會令人輕率地承諾更多、更多、更多。然後有朝一日，在期望高得不切實際時狠狠跌一跤。

默克對成長的追求，微妙地削弱了他們最初之所以卓越的因素：目的導向的企業文化。一九五〇年，喬治・默克二世（George Merck II）宣示了高瞻遠矚的經營宗旨：「我們永遠不會忘記醫藥是以造福人群為目的，而不是以賺錢為目的。利潤乃是隨後而至，如果我們牢記這點，那麼絕對不會賺不到錢。」默克並沒有放棄這個核心目的（的確，當吉爾馬丁下令將偉克適撤出市場時，正是來自於這個企業核心目的的啟發），只不過實際的發展卻是核心目的逐漸退居幕後，變成企業成長的限制，而不是公司發展的原動力。

本研究分析的三家《基業長青》的公司，默克、摩托羅拉和惠普，都因為過度追求成長而傷害了自己。他們的創辦人當初都基於崇高的目的而創業，不是只為了賺錢。默克二世一心一意想要挽救生命和改善人類的生活；保羅・蓋爾文堅持不斷革新，因此努力激發人類的創造力；惠烈特（Bill Hewlett）和普克（David Packard）相信惠普之所以存在，乃是為了對技術創新有所貢獻，而利潤只不過是達到目的的方法和衡量指標。默克二世、蓋爾文、惠烈特和普克都不認為企業擴張和擴大規模是最終目標，而認為企業擴張不過是追求核心目的之後必然產生的附帶結果罷了。只是後來的世代忘記了這個教訓，反其道而行。

上市公司總是要面對資本市場不斷要求高速成長的壓力，我們無法否認這個事實。但即使如此，我們所有的研究都發現，能抗拒壓力、不汲汲於追求短期成長的公司，長期績效反而更佳，更能達到華爾街所定義的成功——達到更高的投資人累計報酬率。在我們的研究中，卓越企業的領導人能區隔股票價值和股票價格、股票投資人和股市投機客，他們明白，自己的責任是為投資人創造價值，而不是幫投機客推升股價。最卓越的領導人也追求成長，但追求的是績效的成長、影響力的成長、創造力的成長和員工的成長，他們不會放任短期成長破壞長期價值，更不會將追求成長和追求卓越混為一談。

大並不等於偉大，而偉大也不等於大。

## 打破普克定律

說得更白一點，衰敗第二階段的問題不在於表面的追求成長，而在於毫無節制地追求更多、更大、更快。默克的故事凸顯了沉迷於成長的危險，但我們還可以看到許多缺乏紀律的第二階段行為以其他各種不同的型態出現：大躍進式地跨入自己毫無熱情的領域，是缺乏紀律；採取違背企業核心價值的行動，是缺乏紀律；大量投資於你們不擅長（表現無法超越競爭對手）的新領域，是缺乏紀律；一頭栽進不符合你們經濟引擎或資源引擎的活動，也是缺乏紀律；執迷不悟地拚命擴大規模，是缺乏紀律；一心追求有趣的新事業，而忽視了原本的核心事業，是缺乏紀律；為了追求個人成功（更有名、更有錢、更有權），不惜犧牲組織的長期成功，是缺乏紀律；為了成長和擴張，放棄了個人價值或忘記了自己的核心目的，也是缺乏紀律。

在第二階段破壞性最大的行為就是打破「普克定律」。（由於深受惠普公司創辦人普克的洞見所啟發，所以我們將之命名為「普克定律」。普克認為，卓越公司的衰敗往往是因為機會太多而消化不良，而不是因為等不到機會而餓死。諷刺的是，等到我們討論第四階段時就會看到，後來惠普公司自己打破了普克定律。）普克定律是指：沒有一家公司營業額持續成長的速度，能超越他們網羅足夠的適任人才來推動成長並達到卓越的速度。雖然我們過去也討論過普克定律，但是當我們從企業衰敗的角度分析時，又有了更深刻的領悟：如果卓越公司營業額持續成長的速度太快，以至於他們來不及網羅足夠的適任人才來推動成長並達到卓越，那麼這家公司不但會停滯不前，而且會日漸衰敗。

卓越的企業必須仰賴能自我管理和自我激勵的員工，這是有紀律的文化中最重要的成分。你或許認為，像這樣的文化可能充斥著一堆規定和僵化的官僚作風，但實際上恰好相反，如果你能找到適當的人才來負起責任，就不需要忍受一大堆無聊的規定和漫不經心的官僚習性！（關於把對的人放在關鍵職位上，我們在〈附錄5〉會有簡短的討論。）

但第二階段的公司可能會陷入惡性循環之中。你打破普克定律，開始把員工擺錯位子，為了彌補他們的不足之處，你設計了許多官僚程序，結果官僚作風倒頭來趕走了對的人才（可能因為他們與官僚系統產生摩擦，或受不了和能力不足的人共事）；於是造成更多官僚作業以彌補更多放錯位子的人，結果又趕跑了更多適當的人才。安於平庸的官僚文化逐漸取代了追求卓越、有紀律的文化。當官僚制度和種種規定取代了核心價值與嚴格標準規範下容許充分自由、並善盡責任的倫理觀，你們就染上了安於平庸的疾病了。

如果要在所有徵兆中選出一個來作為警訊，我會選擇「在關鍵職位上愈來愈少出現正確人選」這一項。一年三百六十五天，每天二十四小時，你應該隨時都能回答下列問題：哪些職位是貴組織裡的關鍵職位？你能夠很有把握地說出其中有多大比例是把對的人放在對的位子上嗎？你打算怎樣提高這個比例？萬一對的人才離開了某個關鍵職位，你有什麼備案嗎？

錯的人和對的人其實有一個顯著的分別：前者認為自己有一份「工作」，後者認為自己有一份「責任」。在關鍵位子上的每個人都應該回答這個問題：「你是做什麼的？」不要用職銜來回答我，而要說明個人職責。「我要為這件事和那件事負完全的責任，我左看右看、前瞻後顧，除了我以外，沒有其他人能負起最後的責任，而且我也願意承擔這個責任。」每當企業主管來參觀我們的實驗室時，我有時候會挑戰他們，請他們不要用頭銜來自我介紹，而要說出他們的職責。有的人很容易就可以清楚說明，不過企業一旦喪失（或尚未建立）有紀律的文化，就會發現自己很難回答這個問題。

當美國銀行躍升到卓越境界時，放款決策是否周全的責任完全落在加州各地放款經理的肩上。無論是莫德斯托市（Modesto）、史托克登市（Stockton）或安納罕市

（Anaheim）的分行都不能怪罪別人，只能往鏡子裡自我檢視，指派內部員工好好為放款組合的品質把關。但是當美國銀行開始衰敗後，公司裡約有一百個放款委員會疊床架屋，每筆放款需要十五個人簽名，破壞了責任制的觀念。誰應該為放款決策負責？如果我得向十來個委員會提出放款申請，並且經過十五個人簽名批准，那麼萬一它變成呆帳，不可能是我的錯吧？其他人（或這個制度）應該負起責任。能力平庸的放款人員可以躲在官僚制度的庇蔭下，而自我紀律良好的員工卻愈來愈沮喪，因為整個制度乃是為了補救能力不足的同事而設計。當時有位美國銀行的主管曾表示：「我們公司最可悲的是，由於我們不能用人唯才、論功行賞，流失了很多優秀的年輕人。」

我們在研究中發現，每當傑出領導人組成的經營團隊聯合起來制定一連串能有效執行的出色決策時，經營績效自然突飛猛進。企業能否持續展現非凡的績效，主要有賴於它能否持續把對的人擺在重要位子上，所以接下來就要來談一談本階段的最後一個重點。

## 接班問題多

公元前四四年三月十五日，凱撒（Gaius Julius Caesar）被刺了二十三刀後，在龐貝城的羅馬劇院流血而死。凱撒在遺囑中認養姪孫屋大維（Octavian），並指定他為接班人。當時屋大維只有十八歲，和凱撒的長期盟友安東尼（Mark Antony）及克麗奧佩特拉（Cleopatra，為凱撒生了一個兒子）相較，起先他只是個無足輕重的角色，對凱撒的敵人也沒有任何威脅。但結果在權力運作上，屋大維是個機敏的學生，他召集了凱撒的死忠軍團，組織一支私人軍隊，在正面迎戰安東尼和克麗奧佩特拉之前，先在公元前四二年擊敗了凱撒的敵人。同時，屋大維巧妙地拒絕了可能違背羅馬傳統的榮譽，只接受元老院授與的權力，讓自己的權力在元老院心目中完全正當化。經過二十年的時間，屋大維一步步轉型為羅馬帝國的第一個皇帝，亦即歷史上的「奧古斯都」（Augustus），統治羅馬帝國長達四十幾年。

歷史學家法根（Garrett G. Fagan）教授在他開的「羅馬皇帝」課程上，指出屋大維是歷史上效能最高的政治家之一。他統一了羅馬，平息了令羅馬共和國分崩離析的內戰，重新設計政府制度，帶來和平，擴大了羅馬帝國的疆域，並且促進了繁榮。他避免浮誇奢華，住在簡樸的房子裡，但精於政治操作，往往靠「提出建議」來達到目的，而不需要訴諸正式法律或軍事力量。

然而，奧古斯都始終未解決接下來幾百年嚴重傷害羅馬帝國的問題：接班問題。在奧古斯都之後，羅馬出現過一些英明領導人，但也出現過像卡利古拉（Caligula）和尼祿（Nero）這種獨裁專制、甚至幾近瘋狂的暴君。雖然羅馬帝國的滅亡不能完全歸咎於接班問題，不過奧古斯都確實沒能設計出有效的機制，讓往後的世世代代都能將權力有效轉移到能人手中。

沒能建立起接班制度的領導人不啻把企業推上衰敗之路。有的領導人等了又等，遲遲不採取行動；有的人根本從來不談這個問題；有的人運氣不好，挑選的接班人離開或過世；有的人處心積慮令接班人失敗；有的人則根本選錯接班人。但無論是怎麼發生的，也不管是在何時發生，企業衰敗的最重要指標之一是權力重新分配之後，大權在握的接班人不了解必須做哪些事情（以及同樣重要的是，必須不做哪些事情），才能永保卓越、基業長青，或即使知道，卻缺乏貫徹實施的意志力。

在我們分析的所有衰敗案例中（只有電路城這家公司例外），我們觀察到，他們走到第二階段的末尾都出現接班問題。這些走下坡的公司或多或少出現了下列至少一種脫序現象：

●跋扈的強人領導者沒有培養能幹的接班人（或把能幹的接班人趕跑了），結果一旦退位，就出現權力真空。

●能幹的高層主管突然過世或離開，一時找不到適當的人順利取代他的角色。

●呼聲高的優秀接班人選拒絕成為企業執行長的機會。

●呼聲高的優秀接班人選毫無預警地離開公司。

●董事會對接班人選意見分歧，兩派對立，互不相讓。

●領導人長期在位，遲遲不肯交棒，接班人直到快退休才接下重擔，只能扮演看守的角色。

●採取君主世襲制的家族企業在挑選接班人時偏好家族成員，而不能唯才是用。

●董事會從外界引進空降部隊來當領導人，新領導人與企業核心價值格格不入，好像病毒般遭到企業文化排斥。

●長期以來，公司挑選執行長一直有問題。

我們在研究中觀察到，每當傳奇性的企業領導人退位後，衰敗第二階段走過頭的趨勢就會愈演愈烈。也許是因為接班人壓力特別大，需要表現得格外有膽識、有遠見和積極進取，以免辜負了前任領導人沒有明說的期盼，或力求達到華爾街非理性的期望，結果反而讓公司加速沉淪。也可能是傳奇性領導人下意識地（或甚至刻意地）挑選不如他的接班人，以凸顯自己的地位。但無論潛在動機為何，當企業陷入第二階段，權力交接出問題後，就會跌跌撞撞地走上第三階段和之後的衰敗之路。

在進行研究的幾年間，我開始對領導力產生懷疑，我看到的諸多證據影響了我的看法：複雜的組織往往經過不止一位非凡人物的努力才躍升到卓越境界。我們觀察到最優秀的領導人都有一種特殊天分，他們不認為自己特別重要，能體認到建立管理團隊的必要性，並根據核心價值來塑造公司文化，而且公司核心價值不會因為英雄人物的殞落而無以為繼。在衰敗的案例中，我們發現掌權者扮演了更顯著的角色，卻沒能讓公司向上提升。所以儘管我對於領導力的重要性仍然有所質疑，但經由這些證據得出以下結論：雖然沒有任何領導人能隻手建立起持久不墜的卓越企業，大權在握、不適任的領導人卻幾乎總是能隻手毀掉一家公司。

所以，千萬要好好挑選領導者或接班人！

本章總結

## 第二階段的主要徵兆

- **追求無法持續的短期成長，誤以為「大」就代表「偉大」**：成功會帶來成長的壓力，過高的期望造成惡性循環，組織裡的員工、文化和制度都過度緊繃、到達極限，以至於無法繼續保持卓越，企業終於開始走下坡。
- **缺乏紀律的突發式大躍進**：企業採取的戲劇性行動沒能通過下列三個至少其中一個考驗：
  1. 這些行動能否激發熱情，並符合公司的核心價值？
  2. 組織在這些領域是否達到全球頂尖水準？
  3. 這些行動是否有助於驅動公司的經濟引擎或資源引擎？
- **在關鍵位子上擺對人的比例日益下降**：原因可能是優秀人才另謀他就，或（及）公司成長太快，以致來不及網羅足夠的人才來推動成長，並達到卓越（打破了普克定律）。
- **輕鬆入袋的現金腐蝕了控制成本的紀律**：面對日益高漲的成本，組織的反應不是以更嚴謹的紀律來控制成本，而是提高價格、拉高營收。

●**僵化的官僚制度破壞了重視紀律的文化**：官僚制度和種種規定破壞了有紀律的文化中兼顧自由和責任的倫理；大家愈來愈把自己的任務視為「工作」，而非「責任」。

●**權力交接出問題**：組織領導人交棒不順利，問題可能出在缺乏良好的接班規畫、沒能從內部培養優秀的領導人、各方勢力明爭暗鬥、運氣不佳，或選錯接班人。

●**將個人私利置於組織利益之上**：掌權者分配更多資源（更多錢、更多特權、名氣或成功帶來的好處）給自己人，希望盡可能在短期內獲利，而不是為了未來數十年恆久卓越而投資。

第三階段

# 輕忽風險，罔顧危險

膽大包天的目標會刺激進步，

但如果在缺乏真憑實據的情況下就貿然投下巨大賭注，

或根本罔顧愈來愈多的負面證據，公司很可能因此一敗塗地。

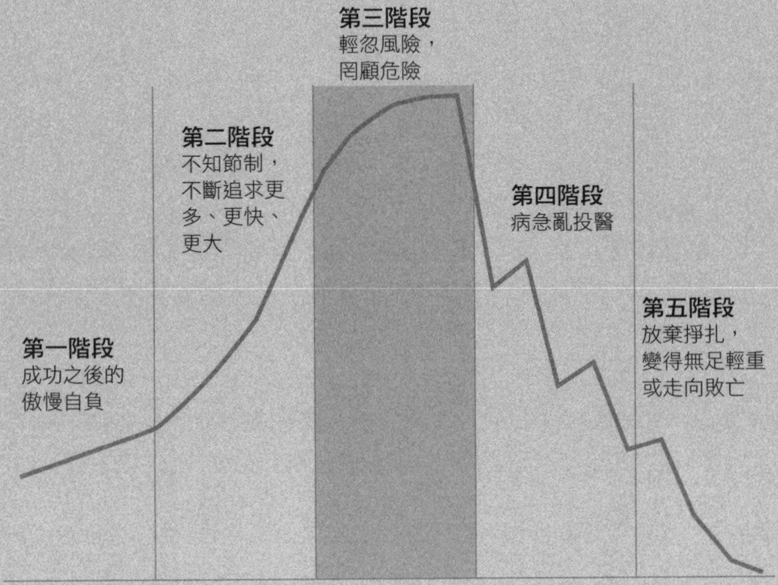

一九八五年，一位摩托羅拉工程師在巴哈馬度假。他的太太想用手機和客戶聯絡（當時這款手機才首度上市），但發現打不通。他靈光一閃：何不創造一個衛星格網，確保未來無論在地球的哪個角落打電話，通訊話質都很清晰？還記得以前讀過的報導嗎：紐西蘭登山客霍爾（Rob Hall）一九九六年在聖母峰喪生。他在生命一點一滴漸漸消失時，在八千五百公尺的寒冷高山上，和千里之外的妻子話別。他臨終的話語：「好好睡一覺，甜心，請不要太操心。」打動了無數世人。如果沒有衛星電話連線，霍爾臨終時不可能和人生伴侶話別。

於是，摩托羅拉推出大膽的「銥衛星」（Iridium）計畫，希望人們在任何地方都能享受到這種無所不在的通訊。

摩托羅拉的第二代執行長羅伯特．蓋爾文在位時，努力避免戲劇化的大躍進，寧可經過周詳規畫和實際驗證，一步步慢慢演變，讓小小的創新演變成重要的新技術，取代舊技術，周而復始，日新又新。蓋爾文把銥衛星看成一個小實驗，一旦成功可能變成一波新浪潮。一九八〇年代末期，他投入種子資金，打造低軌道衛星系統的原型。一九九一年，摩托羅拉把銥衛星專案分割出去，變成一家獨立公司，摩托羅拉是新公司的大股東，並且持續投資於概念的發展。截至一九九六年為止，摩托羅拉已經投資了五億三千七百萬美元在新事業上，並擔保了新公司七億五千萬美元的貸款，兩者相加的總額超過摩托羅拉一九九六年的總利潤。

芬柯史坦（Sydney Finkelstein）和山福德（Shade H. Sanford）在〈從企業錯誤中學習：鈦衛星計畫的成功與失敗〉（Learning from Corporate Mistakes: The Rise and Fall of Iridium）一文中指出，鈦衛星計畫的關鍵時刻是一九九六年，而不是概念萌芽的一九八〇年代。在一九九六年之前的技術開發階段，還可以在鈦衛星計畫沒有造成虧損之前踩煞車，過了這個時間點就進入發射階段。繼續往下走需要投入的資金比之前所有開發費用都高，畢竟發射六十六顆衛星升空可不是什麼便宜的實驗。

但是到了一九九六年，在蓋爾文退休（和投入種子資金）多年後，鈦衛星計畫變得不那麼引人矚目。傳統的蜂巢式行動通訊服務（cellular service）開始遍布全球，鈦衛星系統的獨特價值變得相形失色。如果摩托羅拉那位工程師的妻子在一九九六年度假時才需要打電話給客戶，蜂巢式系統或許已經能夠提供很好的通訊品質。

更何況，鈦衛星手機有很多缺點，手機尺寸有磚頭那麼大，而且只能在戶外使用（才能直接連接上某個衛星），沒有傳統蜂巢式電話那麼方便。有多少人會背著一塊磚頭在全世界到處跑，還得搭電梯下樓走到街上，才能打一通昂貴的電話呢？或者三不五時就得要求計程車司機在街角暫停一下，讓你和公司聯絡？鈦衛星手機售價高達三千美元，通話費用則是每分鐘三到七美元，蜂巢式電話的通話費卻愈來愈低。當然，鋨衛星通訊系統仍能造福偏遠地區的居民，但鋨衛星計畫很難在窮鄉僻壤找到公司最需要的「顧客」，因為沒有幾個偏遠地方的居民需要從南極或聖母峰打電話回家。

## 賭性堅強，無視於愈來愈多的負面證據

摩托羅拉的工程師在一九八五年提出鋨衛星系統的構想時，沒有幾個人能未卜先知，知道蜂巢式行動電話會變得無所不在。然而在一九九六年以前，已經有許多不利的證據顯示不該大舉發射衛星。同時，摩托羅拉的年營收也成長五倍，從五十億美元成長為二百七十億美元，驅動力來自於類似衰敗第二階段的目標：摩托羅拉承諾每五年要把規模擴大一倍（摩托羅拉在羅伯特．蓋爾文退休之後訂下這個目標）。

摩托羅拉希望鋨衛星系統能掀起熱潮，還在一九九七年的公司年報中誇口：「鋨衛星全球個人通訊系統將開創出全新的產業。」所以，他們無視於愈來愈多的負面證據，仍將鋨衛星發射升空，並在一九九八年推出通訊服務。但是，第二年鋨衛星公司就聲請破產，拖欠了十五億美元的債務。根據一九九九年摩托羅拉股東會說明書的紀錄，與鋨衛星計畫相關的費用高達二十億美元，把摩托羅拉加速推向第四階段的衰敗過程。

企業陷入衰敗的第三階段時，前面兩階段累積的效應逐漸浮現。第一階段的傲慢自負會導致第二階段的過度擴張，令企業陷入第三階段：輕忽風險和罔顧危險。鈦衛星計畫正是如此。我們接下來要探討的德州儀器（Texas Instruments，簡稱ＴＩ）則恰好相反，它逐步演進，成為數位訊號處理（digital-signal processing，簡稱ＤＳＰ）領域的英特爾。

一九七〇年代末期，德州儀器的工程師想到一個很棒的點子，能幫助孩童學習拼字：一個能「說」話並要求孩童把聽到的字在鍵盤上拼出來的電子玩具。「說說拼拼」（Speak & Spell）玩具於焉誕生，成為第一個運用ＤＳＰ技術的消費性產品（ＤＳＰ晶片能將聲音、音樂和影像等類比式訊號轉換為數位式的位元）。

一九七九年，德州儀器牛刀小試，投下十五萬美元的資金（只占他們一九七九年營業額的萬分之一），進一步研究ＤＳＰ技術。到了一九八六年，德州儀器從ＤＳＰ晶片累積的營業額已達六百萬美元，雖然還不足以讓公司為此背水一戰，但已經有充分證據支持工程師繼續研發ＤＳＰ技術。德州儀器的客戶也為ＤＳＰ技術找到很多新用途（例如數據機、語音轉換、通訊等），於是德州儀器將ＤＳＰ部門分出去單獨設立新事業部。一九九三年，德州儀器爭取到一紙合約，為諾基亞（Nokia）的數位式行動電話設計ＤＳＰ晶片，而到了一九九七年，全球已經有二千二百多萬具行動電話裡面裝了DSP晶片。

這時候，德州儀器才設定膽大包天的目標，決心成為DSP領域的英特爾。執行長安吉柏（Tom Engibous）表示：「每當有人提到DSP的時候，我們希望他們都會想到德州儀器，就好像每次有人提到微處理器的時候，想到的都是英特爾。」他大膽出擊，賣掉德州儀器的國防事業和記憶體事業，縮小公司規模，以專注於DSP技術。到了二〇〇四年，在產值八十億美元、快速成長的DSP市場上，德州儀器已經占有半壁江山。

請注意，德州儀器是在努力推動DSP飛輪長達十五年後才大膽躍進。一九七八年開發出「說說拼拼」玩具時，他們沒有立刻投下大賭注；一九八二年開發出DSP晶片時，他們也沒有立刻投下大賭注；一九八六年，當DSP帶來的營收只有六百萬美元時，他們還是沒有立刻投下大賭注。安吉柏當然訂下了膽大包天的目標，但並非出於傲慢自負，也沒有輕忽風險，他乃是根據二十年來累積的實際證據，在穩固的既有成功基礎上設定目標。

重點不在於摩托羅拉開發銥衛星技術是錯誤的決策，或是德州儀器在開發DSP技術時更能未卜先知。如果你總是有先見之明，知道哪些新構想一定會成功，那麼你當然會只投資那些行得通的構想。問題是你無法未卜先知。這是為什麼卓越公司總是多方嘗試，即使許多小實驗最後不見得會成功。在銥衛星和DSP技術剛誕生的時候，摩托羅拉和德州儀器都很聰明地投資進行小規模的實驗和研發，但德州儀器耐著性子，等到累積了很多有利證據後才投下巨資，摩托羅拉則不然。膽大包天的目標會刺激進步，但如果在缺乏真憑實據的情況下就貿然投下巨大賭注，或根本罔顧愈來愈多的負面證據，那麼除非運氣特別好，否則公司很可能因此一敗塗地。然而運氣可不是什麼可靠的策略。

你可能會想：「好吧，那就不要忽視證據；當數據已經很明顯時，不要發射銥衛星，就可以避免陷入第三階段的衰敗。」但是在人生中，很多時候事實不見得那麼一目了然；情勢可能混沌不明，因此大家眾說紛紜，莫衷一是。事實上，最大的危險不在於忽視無懈可擊的清楚事證，而是面對可能釀成大禍的情況、當模稜兩可的情勢朝著對你不利的方向發展時，你錯誤解讀了模糊不清的資訊。為了清楚說明我的觀點，我要稍稍岔開話題，回顧一段著名的悲劇。

## 承擔看不見的風險

一九八六年一月二十七日下午，一位美國航太總署（NASA）的主管打電話給莫頓希克爾公司（Morton Thiokol）的工程師。莫頓希克爾公司是航太總署的包商，負責供應火箭推進器。挑戰者號太空梭預定在第二天升空，但是氣象預報顯示，一月二十八日清晨，佛羅里達州甘迺迪太空中心的氣溫將降到攝氏零下五度左右，太空梭升空時刻的氣溫預估仍會低於攝氏零下一度。航太總署主管請莫頓希克爾的工程師評估一下嚴寒的天氣對固態火箭推進器的影響，於是工程師立刻聚在一起討論一種叫O環的零件。當火箭點火升空時，形狀好像橡皮圈的O環會把接頭密封，就好像用油灰填塞住裂縫一樣，讓高溫的熱氣不會跑出來，否則可能引起大爆炸。

過去二十四次太空梭升空時，最低的氣溫為攝氏十二度，比氣象預報的次日氣溫還高十度以上，而工程師對於O環在零下四度到零下一度的低溫下會出現什麼狀況，並無定論。不過他們倒是有一些數據顯示較低的溫度會讓O環變硬，因此需要多花點時間才能把接頭密封。（只要把放在冰箱冷凍庫的橡皮圈拿來和室溫下的橡皮圈比較，就可以看出低溫如何令橡皮圈彈性變差。）工程師討論了這些顧慮，安排在美國東岸時間晚上八點十五分召開視訊會議，和美國航太總署及莫頓希克爾公司的三十四位相關人士討論這個問題。

視訊會議一開始先花了將近一個鐘頭討論，莫頓希克爾公司的工程師表示，他們不建議太空梭在低於攝氏十二度的氣溫下升空。航太總署工程師則指出他們的數據相互矛盾，而且尚無定論。沒錯，資料清楚地顯示，當氣溫低於攝氏十五度時，O環會受損，但資料也顯示，即使在攝氏二十四度升空，O環仍然曾經受損。「他們的確有一大堆數據相互矛盾，我必須再三強調這點。」一位航太總署的工程師回憶道。更令人困惑的是，過去規畫在攝氏十二度以下的低溫中升空時（雖然沒有到攝氏零下五度的低溫，但氣溫絕對比現在說的十二度低），莫頓希克爾公司不曾提出質疑，顯然又與他們目前的建議不一致。即使第一個O環可能失敗，備用的第二個O環應該就能把接頭完全密封住。

社會學家沃漢（Diane Vaughan）在其具權威性的著作《挑戰者號升空的決策》（*The Challenger Launch Decision*）中，駁斥了「航太總署主管無視於工程師提供的無懈可擊的數據，明知這次任務不安全，仍然堅持讓太空梭發射升空」的不實說法。事實上，太空梭升空前一晚的討論正好反映出與會者的困惑和游移的態度。一位航太總署主管一度脫口而出：「天哪，希克爾，你們到底要我們什麼時候發射太空梭，四月嗎？」但是同一天晚上，航太總署主管有時候又對太空梭如期升空持保留態度。一位航太總署首席工程師還央求同事不要讓他做錯事，他說：「我不同意在違反包商建議的情況下讓太空梭升空。」他們翻來覆去考慮了三個小時。如果當時證據很明確，他們會需要花三小時來討論嗎？

傑出的資料分析家塔夫特（Edward Tufte）在他的著作《視覺詮釋》（*Visual Explanations*）中說明，如果當初這些工程師把數據製作成一張更有說服力的圖表，與會者或許能看到一條明顯的趨勢曲線：每次在攝氏十九度以下的氣溫中升空時，都有證據顯示O環受損。然而，沒人運用清楚而吸引人的視覺方式來表達數據的意義，結果即使他們那天激辯到深夜，氣溫愈低就愈危險的趨勢仍然隱晦不明。總之，O環小組召集人指出：「我們沒有充分而確鑿的證據來說服大家。」

究竟要說服大家什麼呢？這才是癥結所在。不知怎麼的，在大家的對話中，決策架構開始出現一百八十度大轉變。他們提出的問題不再是：「你能不能證明發射太空梭很安全？」——這是傳統上決定要不要讓太空梭升空時通常會問的問題——問題反而變成：「你能不能證明這時候發射太空梭不安全？」

如果他們在問問題時沒有出現這麼重要的轉變，或如果展示的資料非常明確，那麼挑戰者號很可能會停留在發射台上等候，延遲幾個小時才升空。畢竟比起可能發生的大災難而言，多等幾個小時實在不算什麼，完全沒必要冒這麼大的風險。如果你是個一心想往上爬的航太總署主管，如果你曉得讓太空梭貿然升空很可能會釀成大禍，又何必促使大家做出升空的決定呢？只要有一點點理智的人都不會這樣做。但由於工程師提供的資料模糊不清，而且決策的標準也改變了，除了合理的懷疑之外，他們無法證明低溫下升空真的不安全，莫頓希克爾公司改變了原本的立場，投票贊成讓太空梭升空，並且在午夜前傳真給航太總署確認他們的意見。

第二天早上十一點三十八分，在攝氏二度的低溫下，火箭點燃後O環沒有發揮預期功能，挑戰者號升空七十三秒就轟然爆炸，變成一團火球。太空梭上七名乘客（包括一名女教師）也隨著挑戰者號的殘骸墜落十五公里下的大海，喪失寶貴生命。

## 「吃水線」原則

挑戰者號的故事突顯了一個重要的教訓。面對不可逆轉的決策，而且萬一決策錯誤，會帶來重大的負面後果時（也許可稱之為「發射升空的決策」），都必須看到足以證明其安全性的優勢證據。如果當初航太總署要求包商證明升空的安全性（「如果無法超越合理的懷疑，證明太空梭發射升空是安全的，就寧可延遲發射」），而不是反其道而行，那麼挑戰者號的悲劇或許不會發生。

戈爾公司（W. L. Gore & Associates）創辦人戈爾（Bill Gore）曾提出一個制定決策和承擔風險的觀念，他稱之為「吃水線」原則。假設你在一艘船上，只要做錯任何決策，船的側身就會撞出一個洞。如果洞的位置在吃水線以上（船就不會進水，沉船機率也比較低），你可以把洞補起來，從錯誤中得到教訓，繼續向前航行。但如果撞出來的洞是在吃水線以下，那麼海水會不斷湧入，船也會漸漸下沉。如果洞很大，你們下沉的速度可能很快，就好像二〇〇八年某些金融機構碰到的風暴一樣。

說得白一點，卓越公司也會大膽下注，但他們會避免押寶在「可能在吃水線以下的部位鑿出大洞」的賭注上。當你必須憑著混沌不明或相互矛盾的資訊來做風險性決策時，不妨問自己三個問題：

一、如果一切順利，會有什麼好處？

二、如果情況愈來愈糟，會有什麼壞處？

三、捫心自問，你真的承擔得起這些負面效應嗎？

假定你站在懸崖邊，而暴風雨即將來臨，但是你不確定暴風雨會有多嚴重、會不會閃電打雷。你必須決定：究竟要往上走，還是往下走？在美國科羅拉多州黃金峽谷

（Eldorado Canyon）著名的攀岩聖地裸稜（Naked Edge），兩名攀岩者就曾經面臨這樣的情境。遠處開始風雲變色，正在醞釀著科羅拉多的夏季風暴，他們必須決定是否繼續原本計畫的活動行程。思考一下剛剛的三個問題。如果暴風雨沒有造成大礙，有什麼好處？他們可以完成當天既定的攀岩行程。但假如正當他們爬到岩石頂端、毫無遮蔽時，暴風雨來臨、變得雷電交加呢？他們很可能送掉性命。結果，他們選擇繼續攀岩。不幸的是，就在他們爬上峭壁頂端、到達毫無遮蔽的頂峰時，暴風雨襲擊峽谷，電流開始在繩子上流竄。然後砰的一聲，閃電擊中上面的攀岩者，融化了他的金屬裝備，他立刻喪命。

當然，在這樣的思考過程中，機率扮演了一定的角色。假如情況愈來愈糟的機率是零，或如果機率很小但很穩定，那又另當別論了，情況愈來愈糟的機率非常高、愈來愈高、極不穩定，或情況很難判斷時，你做的決定都會大不相同。（否則我們一定永遠不敢搭民航客機，更不要說攀登裸稜或酋長巨石了。）攀登裸稜的兩位攀岩者在面臨風險不對稱的情境下，儘管已經預見嚴重暴風雨襲擊的機率變得愈來愈高（帶來的好處微乎其微，壞處是可能大難臨頭），卻仍然決定繼續往前走。

二〇〇八年金融危機正凸顯出：以上幾個問題如果思慮不周，可能對公司造成毀滅性的傷害。幾年前當美國房市泡沫日益膨脹時，房地產崩盤的機率也愈來愈高。這時候，還戲劇化地提高財務槓桿操作（在有些情況下，甚至達到三十比一或更高的比率），以及暴露在更高的不動產抵押貸款證券的風險下，有什麼好處呢？如果還是萬里無雲、風和日麗，就可以賺更多錢；但如果市場風雲變色，整個房市大崩盤，大家全部陷入史上最嚴重的信用危機時，又有什麼壞處呢？

結果就是，美林公司賣給了美國銀行，房利美收歸美國政府監管，貝爾斯登連遭重擊後被廉價收購、消失不見了，雷曼兄弟也一敗塗地，整個金融市場陷入危機，美國經濟也快速走下坡。

## 否認的文化

當然，並不是每個衰敗的案例都會牽扯到啟動鈦衛星計畫這樣的大決定，或必須在危險的攀岩活動中決定是否要繼續攀登頂峰。企業也可能逐漸衰弱，不過當他們愈來愈陷入第三階段時，就會開始累積警訊。他們可能看到顧客參與度降低、存貨周轉率下降、獲利率些微下滑、失去主導訂價的力量，或者日益走向平庸的其他跡象。

那麼，企業最需要追蹤的是哪些指標呢？我們的研究顯示，對企業而言，在毛利率、流動比率、負債對股東權益比率上出現任何惡化趨勢，都透露出風暴即將來臨。

我們的財務分析顯示，十一家衰敗公司邁向第四階段時，每一家公司的這三個指標至少有一項出現日益惡化的趨勢，但管理階層沒有顯露出高度關注這件事的跡象，當然更沒有展現出任何原本應有的建設性偏執心態。顧客忠誠度和利害關係人的參與程度也需要注意。此外，正如我們在第二階段的討論，企業還需要留意在關鍵位子上放對人的比例有沒有下降。

當公司跌跌撞撞地墜落第三階段時，領導團隊的內部運作可能和卓越公司的領導團隊大相逕庭。讓我用下頁表1，對照分析向上提升的企業和向下沉淪的企業領導團隊的內部動態。

第三階段末期往往出現一種普遍的行為型態（而且通常會持續到第四階段），即高層會怪罪他人或歸咎於外在因素（或以不同的角度來詮釋數據），而不肯正視企業可能出現嚴重問題的殘酷事實。

一九八〇年代末期和一九九〇年代初期，由於分散式電腦運算方式崛起，ＩＢＭ的電腦主機事業備受打擊，面臨前所未見的大衰退。當時一位高階主管向ＩＢＭ高層報告這些令人憂心的趨勢，結果遭到斥責，高層人士大手一揮，把他的報告掃到旁邊：「你的數據一定有錯。」這位年輕主管當下就知道ＩＢＭ必定開始走下坡。後來談到自己為何離開ＩＢＭ自行創業時，他語帶諷刺說：「自己創業要冒的風險似乎還

## 表 1　領導團隊動態：
## 向下沉淪的企業 vs. 向上提升的企業

| 向下沉淪的企業 | 向上提升的企業 |
|---|---|
| 成員對在上位者報喜不報憂，生怕揭露殘酷的現實會招致處罰和批判。 | 成員會坦白揭露醜陋的真相，激發討論。高層不會批評指出殘酷現實的人。 |
| 成員會提出強烈的主張，卻沒有提供任何數據、證據或扎實的論辯。 | 討論事情的時候，成員會提供數據和證據，同時有清晰的邏輯和扎實的論辯。 |
| 領導人多說話、少提問，迴避批判性的言論，容許成員發表邏輯鬆散、缺乏實證的意見。 | 領導人採取蘇格拉底式的對話，多問問題少說話，不斷挑戰團隊成員，激發他們的洞見。 |
| 團隊成員即使勉強通過決策，仍然不會團結一致，促使決策順利執行，更糟的是，還會暗地扯後腿。 | 一旦有了決定，團隊成員即使原本持反對意見，都會同心協力，促使決策順利執行。 |
| 拚命把功勞歸於自己，不會因為同事獲得信任和推崇而覺得與有榮焉。 | 每一位團隊成員都能把成功歸功於其他人，會因為同事受到信任和讚賞而感到與有榮焉。 |
| 團隊成員爭辯的目的是要凸顯自己很聰明或為了爭取自己的利益，而不是為了整體目標，努力找到最好的解決方案。 | 團隊成員熱烈爭辯不是為了抬高個人地位，而是為了達到整體目標，希望找到最好的解決方案。 |
| 團隊成員抽絲剝繭、吹毛求疵的目的是要找到怪罪的對象，而非獲取智慧。 | 團隊成員抽絲剝繭、吹毛求疵的目的是要從痛苦的經驗中挖掘智慧。 |
| 團隊成員往往無法展現非凡的成果，經常因為自己的失誤或挫敗而怪罪別人或歸咎於外在因素。 | 每一位團隊成員都有非凡的貢獻，遭遇挫敗時，每個人都負起完全的責任，並從錯誤中學習。 |

不如在否認事實的氛圍中工作的風險那麼大。」IBM後來進行組織重組和再造，但在電腦界的地位仍然岌岌可危，到了一九九二年，甚至被比喻為即將滅絕的恐龍。後來令IBM轉危為安（我們在後面會探討這段經過）的葛斯納（Louis V. Gerstner, Jr.）能正視IBM的缺點，面對殘酷的事實，一上任就挑戰經營團隊：「十二萬五千個IBM人不見了……究竟是誰對他們做出這樣的事情？是上帝嗎？這些傢伙一走進來，就把我們打敗了。」

我們的研究證據顯示，十一個案例中，有七家公司身處於各個衰敗階段時都把手指向窗外，認為一切都是別人的錯。

增你智在一九七〇年代中期碰到問題時，執行長指著公司外面，歸咎於一堆外在因素：「誰料想得到阿拉伯人會團結起來？誰能未卜先知，曉得會發生水門案？還有通貨膨脹？……然後又碰上罷工。」增你智也開始怪罪日本人「不公平」的競爭侵蝕了他們的獲利，還搶走市場。就算日本人真的用不公平的手段和美國公司競爭（雖然美國司法部並未回應增你智求援的聲音），增你智的反應和當時美國汽車業的反應如出一轍，不願正視日本人已經學會如何降低成本和提高品質的事實。沒有多久，增你智就陷入衰敗的第四階段。

最後一個否認事實的跡象特別值得注意：公司一再重組。

一九六一年之前，史谷脫紙業公司已經打造出全球最成功的消費性紙製品事業，從尿布、紙巾到衛生紙，他們在各式各樣的紙製品中都穩居主導地位。這時候，寶僑首度踏進史谷脫紙業的疆界，而金百利克拉克（Kimberly-Clark）和喬治亞太平洋（Georgia Pacific）等公司也開始蠶食史谷脫的市場。從一九六〇到一九七一年之間，史谷脫從占據紙製消費品市場半壁江山，到只剩下三分之一的市占率。然後寶僑在一九七一年推出 Charmin 衛生紙，直接重擊史谷脫最重要的產品線。

史谷脫紙業有什麼反應呢？

推動公司重組。

史谷脫公司重組研發和行銷部門，把組織圖中的方框框到處移來移去，但拖延了五年，始終沒有積極回應 Charmin 衛生紙帶來的衝擊。五年欸！到了一九八〇年代，史谷脫仍舊反覆不停地重組，有一度甚至在四年內重組了三次。由於幾乎每一種產品項目的市場都遭到競爭對手蠶食鯨吞，史谷脫終於落入衰敗的第四階段。

企業在不斷重組的過程中，會誤以為自己在做一些有生產力的事情。基本上，每一家公司都一直處於自我重組的過程，這是組織演化的本質。但是當你開始把重組當做因應警訊的策略時，可能就陷入否認事實的心態了。這就有一點像是聽到自己罹患嚴重的心臟病或癌症之後，你的反應是重新布置客廳一樣。

世界上沒有烏托邦般的組織。所有的組織結構都有它的利弊得失，每一種組織都有它欠缺效率的地方。根據我們的研究，我們還沒有發現放諸四海皆準的理想組織結構，但也沒有任何企業重組方式，能讓風險和危險自然而然消失不見！

本章總結

## 第三階段的主要徵兆

- **放大好消息，貶低壞消息：**開始輕忽負面資訊，而不是假定公司可能出了什麼問題。領導人凸顯和放大外界的讚譽和報導。
- **毫無根據地大膽下注：**領導人訂出膽大包天的目標或大膽押寶，卻沒有以過往的經驗為判斷基準，或更糟的是，完全罔顧事實。

- **根據混沌不清的資訊，貿然承擔巨大風險：**面對混沌未明的資料和可能造成災難性後果的決策時，領導人卻只往好處看，釀成可能在「吃水線下面」破洞的巨大風險。
- **缺乏健全的團隊互動：**對話和辯論的質與量都明顯下降，拚命追求共識或變成一言堂，而沒有經過辯論和表達異議的過程，也沒有在達成決策後，一致承諾執行決策。
- **歸咎於外：**領導人拚命歸咎於外在因素或其他人，不能為挫敗負起完全的責任。
- **不斷重組：**企業長期反覆重組，而不能面對殘酷的事實。員工愈來愈把心思用在公司內部的明爭暗鬥，而不是因應外界變化。
- **專橫傲慢，脫離現實：**在上位者愈來愈專橫傲慢、脫離現實。高層的種種身分象徵和額外福利，以及豪華的辦公大廈，都令企業高層脫離群眾，與一般人的生活完全脫節。

第四階段

# 病急亂投醫

企業往往奮力一搏，採取戲劇性的大動作，

一帖特效藥失靈時，又尋找另外一帖藥方。

組織之所以表現平平，癥結不在於他們不願意改變，而在於長期自我矛盾。

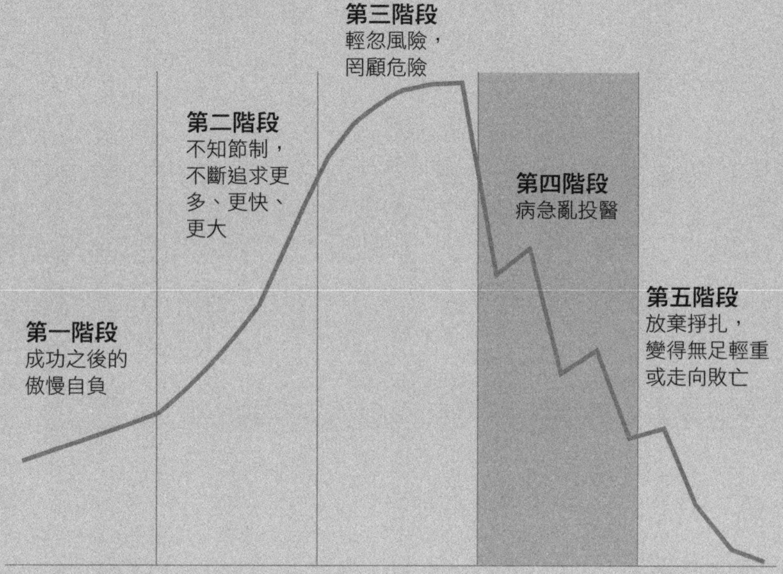

從一九九二到一九九八年，惠普公司在執行長普拉特（Lew Platt）的領導下，利潤成長四倍，累計股票報酬率更達五倍以上。由於普拉特耀眼的經營績效，當美國《執行長》（*Chief Executive*）雜誌為二十五年來最厲害的財富創造者排名時，普拉特的名次高居十一。然而到了一九九九年初，惠普拚命想搭上網路經濟的列車時，在許多投資人、分析師、財經媒體眼中，普拉特也深陷泥沼，甚至步向失敗。

雖然我並不認為普拉特的情況算是失敗，但是他確實犯了一個錯誤，導致惠普公司和自己都陷入困境：他試圖讓一家規模愈來愈大的公司高速成長，但這樣的成長速度終究會無以為繼。

過去惠普公司足足花了半世紀的時間，年營收才達到一百五十億美元；然而在普拉特的領導下，惠普只花了四年工夫，年營收就突破三百億美元，接著再經過三年的努力，年營收又進一步超越四百五十億美元。由於無法持續維持成長熱度，惠普終於在一九九八年撞上鐵板，連續五季的業績都令華爾街大失所望。

假如普拉特當初懂得留一點點餘地，不要衝太快，就比較可能維持穩健的成長速度。那麼，或許惠普公司在一九九〇年代末期仍然可以大展鴻圖、成功興旺，普拉特也就不會丟掉飯碗了。

## 惠普的關鍵時刻

一九九九年一月，惠普董事會在美國加州帕洛奧圖（Palo Alto）的花園廣場飯店開會。描繪這段時期的兩部企業史傑作，鮑洛斯（Peter Burrows）的《菲奧莉娜逆勢出擊》（*Backfire*）和安德斯（George Anders）的《完美演出》（*Perfect Enough*），都形容這場會議為惠普的關鍵時刻。當網路泡沫在一九九〇年代末期扭曲了傳統經濟法則時，惠普員工先是感到大惑不解，然後看得目瞪口呆，接著恐懼感油然而生。到了一九九九年，亞馬遜（Amazon）和雅虎（Yahoo!）之類的網路公司已經在短短五年內，把市值從零推升到一百五十億美元以上，而惠普當年可是花了十倍的時間才有同樣的成績。

臉上總是戴著厚鏡片眼鏡的普拉特，喜歡開不起眼的米色福特 Taurus 汽車，和員工一起在公司餐廳用餐，他平民化的樸實作風對幾年前的惠普而言，確實是理想的領導人。但是到了一九九〇年代末期，惠普成長停滯，股價不振（尤其和其他一飛沖天的科技股比較更是相形失色），愈來愈多人擔心惠普需要一位截然不同的新領導人。於是五十七歲的普拉特提議，或許他應該提早退下來，交棒給新一代領導人。董事會接受他的辭呈，開始為惠普尋找新執行長。

一九九九年七月十九日，惠普公布了普拉特的繼任人選——原本任職於朗訊公司（Lucent Technologies）的卡莉．菲奧莉娜（Carly Fiorina）。

一九九八年，菲奧莉娜擊敗著名的脫口秀明星歐普拉（Oprah Winfrey），榮登全美「企業界最有權力的女性」排行榜第一名，《財星》雜誌當時形容她為「超級女推銷員」。歷史悠久、一本正經的惠普居然要聘請美國女性主管中最有權力、最耀眼、也最具魅力的超級明星來擔任執行長，消息一出所引發的媒體熱潮，就連菲奧莉娜自己都嚇了一跳。不只《財星》、《富比士》、《商業週刊》等財經媒體想要報導這個故事，連歐普拉的電視談話節目、美國名主播黛安．索耶（Diane Sawyer）和時尚雜誌《*Glamour*》、《*Vogue*》都想採訪她。菲奧莉娜並沒有對所有邀約都照單全收，她拒絕了好幾個知名媒體。不過，邀約電話仍然源源不絕打來，惠普公司這才發現，他們的新執行長是個魅力十足的社會名流、企業界的搖滾巨星，一出現就會引起媒體熱烈追逐。菲奧莉娜上任四十八小時內，就登上了《華爾街日報》、《ＣＮＢＣ》、《華盛頓郵報》和《紐約時報》（*New York Times*）的顯著版面，不到兩個星期，更成為《商業週刊》的封面報導專題。

相形之下，一九九三年ＩＢＭ業績慘澹時引進的執行長葛斯納的作風正好大異其趣（在本研究中，ＩＢＭ被拿來當做與惠普對照的成功案例）。葛斯納新官上任滿百日時，《今日美國報》（*USA Today*）提議刊登ＩＢＭ的「每日進步圖表」，葛斯納卻敬謝不敏：「不必了，多謝你的好意。我們還在評估手頭上的工作，暫時不想曝光。」他上任第一天不是到總公司上班，而是去參加國際主管會議。但他當時還沒領到門禁卡，所以被關在宏偉的辦公大廈外面，不得其門而入。「我這個剛上任的執行長無助地拚命拍打大門，希望有人聽到後開門讓我進去。」葛斯納在著作《誰說大象不會跳舞？》（*Who Says Elephants Can't Dance?*）中寫道：「過了一會兒來了個清潔工，她用懷疑的眼光打量我一番，然後才把門打開；我猜她主要是想阻止我繼續拍打大門，而不是真的把我當自家人，認為我不該被關在外面。我四處亂逛，後來終於找到會議室，他們正要開始開會。」

菲奧莉娜上任沒多久就拍了一支電視廣告，影片中，她站在傳說中惠烈特和普克一九三〇年代末創辦惠普的車庫前面。「惠烈特和普克的公司將脫胎換骨。」她優雅說著，「就好像當初剛創辦的新公司一樣，敬請拭目以待！」菲奧莉娜率領一群「改革戰士」，推動戲劇化的轉型，以激勵人心的話語鼓舞士氣。她制定宏偉的策略，以「Invent」（創新）作為惠普品牌的統一標語，掀起市場熱潮，激勵惠普人以「網速」向前邁進。《富比士》雜誌有一期以〈卡莉教派〉為封面專題，文章第一頁就以幾乎占滿半頁的大字寫著「無時無刻，全都是卡莉」，文章中並引用菲奧莉娜的話：「領導就是表演。」菲奧莉娜還曾對著一群惠普忠實客戶說：「我們欠你們一個對未來的清晰願景……這正是我們現在打算給你們的。」

## IBM現在最不需要的就是願景

葛斯納的作風恰好相反，他第一次公開討論IBM事務時表示：「IBM現在最不需要的就是願景。」葛斯納的意思並不是IBM不應該有願景，而是他的首要之務是處理更基本的問題，包括：確定重要位子都擺對人（「這是最初幾個星期我最重要的任務」）、讓公司重新獲利、增加現金流量，還有最重要的是，無論IBM做任何事情，都要重新把顧客擺在最重要的位置。

葛斯納採取腳踏實地的作風，先穩住現有優勢，並且進行「大規模的計量分析」。他花了三個月左右才完全掌握IBM的狀況。「像IBM這種規模的公司，我不相信有人可以在上任三十天後就提出改革公司的時間表。」葛斯納對《財星》雜誌編輯寇克派屈克（David Kirkpatrick）表示，「此外，我真的想向貴雜誌的讀者澄清一件事，許多人以為新的經營團隊到了某個時候就會推出偉大的計畫，這樣的事情根本不會發生。」

葛斯納上任百日時，《今日美國報》在頭版強調，自從葛斯納上任以來，IBM的股價已經下跌六％，一位分析師批評，主要是因為「他什麼事也沒做」。另一位分析師的結論是：「他顯然不是創造奇蹟的人。」當記者問到IBM的危機感，葛斯納簡單扼要地回答：「我沒有危機感，可是有急迫感，不管公司表現很好或很差，我的急迫感都沒有變……但是我完全不覺得IBM陷入危機。」

葛斯納展現高度的自我紀律，堅持先把對的人擺對位子，詳細了解IBM目前的處境，接下來才開始著手擬定願景和策略，和菲奧莉娜的做法恰好是鮮明的對比。惠普公司發布菲奧莉娜為執行長的二十四小時內，《商業週刊》就採訪到她，在這次訪談中，菲奧莉娜勾勒出她上任後的優先順序，而首要之務就是為惠普描繪願景：惠普將成為一家網路公司，組合出包羅萬象的各種產品。「我到惠普時，覺得時間所剩無幾。」菲奧莉納後來在回憶錄《勇敢抉擇》（*Tough Choices*）中如此寫道，「我必須加快腳步……」

葛斯納和菲奧莉娜在最重要的事情——經營成果上，表現也截然不同。在葛斯納主政下，IBM的獲利率穩定提升；菲奧莉娜則否。葛斯納上任滿週年時，IBM的銷售報酬率只有五％，等到他卸任時已達到九％；相反地，惠普的銷售報酬率起伏不定，菲奧莉娜上任滿週年時還有七％，但二〇〇二年是惠普成為上市公司四十五年來首度出現年度虧損，銷售報酬率轉為負數（主要是組織重整和大舉收購等因素），最後在菲奧莉娜卸任前，銷售報酬率又回升到四％。

菲奧莉娜的任期在二〇〇五年二月七日結束，當時惠普董事會在芝加哥機場召開特別會議。菲奧莉娜做完簡短報告後，董事會要求她先離開會場，菲奧莉娜在旅館房間苦等三小時後，被召回會議室。「我打開門，發現裡面只剩下兩位董事，其他人都離開了，」她後來寫道，「我就明白我已經被炒魷魚了。」

## 尋找特效藥

菲奧莉娜與惠普最後不歡而散，不完全是她的錯。事實上，當初菲奧莉娜似乎完全符合惠普董事會的需求：她是個魅力十足、高瞻遠矚的領導人，散發著吸引人的明星光芒，對於推動變革懷有高度熱情。如果根據這個標準，菲奧莉娜出線可以算是一步好棋，的確是個完美選擇。惠普並非因為對網路泡沫反應太慢或沒能達到華爾街的期望，而陷入衰敗的第四階段，反而是因為惠普董事會眼見公司落後產生的反應導致雪上加霜。

組織走下坡以後，開始病急亂投醫，就進入了衰敗的第四階段。病急亂投醫的形式可能有很多種，例如大膽押寶在尚未證實的新科技上、寄望於未經測試的策略、仰賴一炮而紅的暢銷產品、尋找可以「扭轉乾坤」的收購標的、試圖藉著改變形象來翻身、聘請承諾要解救公司的顧問、尋找救世主來當執行長、不斷強調「改革」的重要，或者到最後緊抓住財務外援或出售機會不放等等。重點在於，他們都在尋求快速的特效藥或大膽放手一搏，以求反敗為勝，而不是腳踏實地、不屈不撓地重新建立長期動能。

比方說二〇〇二年間，惠普董事會在辯論惠普與康柏電腦（Compaq Computer Corporation）高達二百四十億美元、極具爭議性的購併案時，仍繼續展現第四階段的行為，會議中充滿各種「只要來一次決定性的大動作，一切都會改觀」式的戲劇化用語：「增加價值最快和最好的辦法」……「我們可以一舉改善」……「立刻加倍」……「讓我們能夠很快因應」……「以一次策略性行動」……「能讓惠普加速」……「將改變我們的產業」……諸如此類的措辭。

表2比較了第四階段的行為和能扭轉頹勢、反敗為勝的行為。

每一家落入衰敗最後階段的公司至少都曾試圖緊抓住一帖特效藥（請參見〈附錄4B〉）。比方說，一位從百思買跳槽過來的主管到電路城只有一年半，就被升上去當執行長，取代即將退休、自家培養的執行長。接著，電路城裁掉了三千多位薪水最高

## 表 2　第四階段行為 vs. 反敗為勝行為

| 第四階段的具體行為 | 有助於扭轉頹勢、反敗為勝的行為 |
| --- | --- |
| 寄望於未經測試的策略，包括間歇性的大躍進，以及開發新技術、新市場、新事業，而且往往大張旗鼓宣傳炒作。 | 以實證後的資訊作為策略性變革的基礎，進行廣泛的策略性分析和量化分析，而不是盲目大躍進。 |
| 尋求可以「扭轉乾坤」、一舉成功的大收購案（通常寄望於未經證實、但希望產生的「綜效」）。 | 充分理解兩家搖搖欲墜的公司合併後，絕對不可能變成一家偉大的企業；因此考慮的策略性收購案，必須能強化經過驗證的優勢。 |
| 面對威脅時，在恐慌中採取不顧一切的應急對策，結果可能耗盡現金、腐蝕財力，把公司進一步推入險境。 | 蒐集事實、深思熟慮後，才毅然決然採取行動（或決定不採取行動）；絕不採取會危及公司長期利益的行動。 |
| 推動激進的變革計畫，把公司全盤翻新改造，以至於破壞了公司的核心優勢，或根本放棄這些優勢。 | 釐清哪些是公司的核心優勢必須固守，以及哪些地方必須改變，在既有的優勢上繼續發展，同時消除弱點。 |
| 為了掩飾糟糕的經營績效，拚命向大家推銷未來的光明遠景。 | 專注於提升績效，具體的成果自然而然為新方向鋪路。 |
| 經常性的重組，重要決策自相矛盾，這些情況都破壞了前進的動能。 | 以一連串思慮周密、妥善執行的決策創造動能，並一步步累積動能。 |
| 尋找救世主，偏好從外部引進能勾勒偉大願景的領導人來振衰起敝。 | 尋找有紀律的管理者，偏好從內部拔擢績效卓著的領導人。 |

的資深店員。不到兩年的時間，電路城又寄望藉由出售公司解套，便聘請高盛公司（Goldman Sachs）處理相關事宜，但是後來與百視達（Blockbuster）的交易未成，希望破滅。不久之後，電路城就聲請破產。

或拿史谷脫紙業當例子。史谷脫花了大錢聘請策略顧問，在內部掀起文化大革命，《財星》雜誌曾形容當時的情形是：「不信仰，就走路。」艾美絲不停地聘請執行長、解雇執行長，然後又聘請新的執行長。有段時間甚至在三十三個月之內換了三個經營團隊，推出一個接一個策略、一個接一個計畫，希望來一次根本大改造。A＆P則在面臨新對手的激烈競爭後才大夢初醒，將四千多家分店改成所謂「WEO」的新形式（WEO是Where Economy Originates的縮寫，意為「經濟實惠的源頭」），希望透過削減價格來提升市場占有率，業界觀察家形容，A＆P絕望下採取的行動為「神風特攻隊式的俯衝」。結果後來證明，這個策略對A＆P的獲利帶來極大的傷害。A＆P後來放棄這個策略，從外界網羅了一位深具領袖魅力的救星，雖然公司獲利率確實短暫提升，但是後來A＆P又再度崩盤，虧損連連，外來的救星終於也不得不辭職。

你可能心想：「也許病急亂投醫是企業碰到麻煩時理所當然的一步；垂死的公司一定會在絕望中走極端，因為他們就快死了。」但是在第四階段剛開始的時候，公司不一定已達垂死邊緣。無庸置疑，我們研究的這些公司在剛踏入第四階段時都栽了觔斗，卻不見得是致命的一擊。的確，當企業屈從於第四階段的行為模式，他們只會讓自己的處境雪上加霜，進一步逼近垂死邊緣，而不得不在絕望中走極端。

企業在第四階段會出現病急亂投醫的現象，雖然公司的表現在短時間內或許稍有起色，但成果通常無法延續下去，希望一個接著一個破滅。陷入第四階段的公司會嘗試各種新計畫、新風潮、新策略、新願景、新文化、新價值、新突破、新的收購計畫和新的救星；當一帖特效藥失靈時，他們又尋找另外一帖藥方。組織之所以表現平平，癥結不在於他們不願意改變，而在於長期自我矛盾。

我們可以比較一下摩托羅拉和德州儀器的情況。這兩家卓越的企業都曾經栽過觔斗，但一家公司在第四階段一路下墜，另外一家公司則否。

一九九八年，摩托羅拉面臨五十多年來的首度虧損。高層主管關室密談，在白板上寫下一個又一個想法，尋求突圍之道。他們決定採取激烈的變革，《商業週刊》稱之為「休克療法」。摩托羅拉決定花費一百七十億美元買下通用器材公司（General Instruments Corporation），這個數目相當於摩托羅拉的股東權益總值。然後在網路泡沫破滅前，摩托羅拉勇猛地一頭栽進網路和寬頻熱潮，採取所謂「智慧無所不在」的策略。起初這個策略似乎奏效，摩托羅拉的投資人累積價值在兩年內成長三倍多。但接著網路和寬頻泡沫破裂，摩托羅拉在二〇〇一年的公司年報中坦承：「和其他公司一樣，我們不合時宜地在二〇〇〇年一頭栽進網路熱和電信熱。」摩托羅拉靠著多年來建立的強大製造產能和全球成本結構，支撐著年營收四百五十億美元的公司邁向二〇〇一年。但摩托羅拉公司二〇〇一年的營收驟減至三百億美元，而且虧損連連。二〇〇三年末，摩托羅拉董事會破天荒第一次從外界引進空降部隊來擔任領導人，網羅原先任職昇陽電腦公司（Sun Microsystems）、作風高調的贊德（Ed Zander）。四年後，由於股東強烈的不滿聲浪，贊德終於離職。

## 有智慧的行動

與摩托羅拉對照的成功案例德州儀器公司，則採取截然不同的做法。二十世紀中葉，德州儀器是一家耀眼的明星科技公司。但是在一九七〇年代和一九八〇年代初期，德州儀器漸漸光芒不再，當時他們多角化地發展許多賠錢的消費性電子產品，例如數位手錶和家用電腦。

一九八五年，德州儀器董事會拔擢江肯斯（Jerry Junkins）為執行長。江肯斯為人謙遜，不擺架子，但意志堅定，記者曾形容他「好像德州的詹姆斯．史都華（Jimmy Stewart）」，他在德州儀器工作了二十五年後才悄悄出線。他在領導德州儀器東山再起的過程中，先啟動熱烈的對話和辯論，將全公司的心力集中在德州儀器有機會成為世界頂尖的領域，我們在第三階段討論過的DSP晶片，正是經歷這個過程後產生的巨大成就。

德州儀器的領導人深深了解，要重返卓越，必須採取一連串有智慧的行動，而且貫徹執行，逐步累積成效。過程中，需要做大大小小不同決策，但即使其中最重大的決策都只是打造卓越公司整個過程的一小部分。大多數「一夕成功」的故事，其實背後都醞釀了二十年的時間。

一九九六年五月二十九日，江肯斯到歐洲出差時，因為心臟衰竭而過世。備受愛戴的執行長意外死亡，讓整個公司陷入混亂，但當時領導德州儀器半導體事業部的安吉柏，早已為承擔執行長的重任做好充分準備。安吉柏在德州儀器服務的二十年間，一步一步從基層晉升到今天的位子，所以他成為德州儀器連續第二位謙遜平實、發憤圖強的執行長。每當有人想報導他的領導風格，他都會告誡記者：「希望你們報導的焦點是德州儀器公司，而不要談太多我的事情。」公司成功的原因「不會是他的領導魅力，」威廉斯（Elisa Williams）在《富比士》雜誌的文章中寫道，「安吉柏的性格就和他成長的美國中西部大平原一樣平淡無奇。」安吉柏在卸任前啟動了平穩的接班流程，交棒給另外一位自家培養的領導人、在德州儀器深耕二十四年的譚普頓（Richard Templeton）。

當摩托羅拉的表現每況愈下時，默默耕耘、堅忍不拔的德州儀器領導人推動了如教科書典範般的權力交接過程，而德州儀器從一九九五到二〇〇五年的股價表現是摩托羅拉的五倍，幾乎與英特爾不相上下。

我們從事的多項研究（包括《從A到A+》、《基業長青》、《為什麼A+巨人也會倒下》和持續進行的如何在亂局中勝出的研究）顯示，打造卓越公司和引進空降部隊擔任執行長之間，有明顯的負向關聯性。在本書所研究的十一家衰敗公司中，有八家在走下坡時網羅外人來擔任執行長，對照組的成功公司在同一時期卻只有一家尋求外援。你可能心想：「但是身陷泥沼的公司難道不需要到外面搬救兵嗎？」也許吧，不過別忘了，我們的研究顯示，在外來救星領導下，公司的經營績效通常日益惡化。而我們過去的研究顯示，能成功領導公司從優秀躍升到卓越的企業執行長，九成以上都是內部培養的領導人；而且，從外界討救兵的對照公司超過三分之二都無法成功躍升為A+級公司。

這樣一來，又要怎麼解釋IBM的情況呢？儘管IBM是從雷諾茲納貝斯克公司（RJR Nabisco）把葛斯納挖角過來，IBM仍然轉危為安啊（關於IBM東山再起的故事，請參見〈附錄6A〉）。顯然，外來的空降部隊還是可以成功扭轉乾坤，讓公司重新邁向卓越的境界。那麼，IBM的情況和其他公司的情況究竟有什麼不同？

答案有一部分在於，葛斯納能回歸到卓越公司當初之所以卓越的根本做法，而且一以貫之。葛斯納了解，無論你是從外面空降或內部培養，都必須中止病急亂投醫的循環，不再從一帖藥方換到另一帖藥方，一個希望破滅後尋找另一個新希望，然後希望再度破滅。

當組織碰到問題、尋求外力協助時，他們通常都高喊：「救救我們！我們需要激進的變革領導人來改革所有的一切——而且動作要快！」如果領導人聽信了他們的話，可能非但無法扭轉劣勢，還會陷在第四階段無法自拔。葛斯納與眾不同之處在於，他沒有接受那樣的框架，所有的領導人（無論是空降或內部養成）都應該好好學習這個寶貴的教訓。

## 冷靜・思考・聚焦・瞄準

我十四歲的時候曾經接受攀岩訓練，並且學習如何垂降。當我從三十公尺高的懸岩往下看時，簡直嚇呆了。這時，固定點的齒輪突然動了一下，我本能地把控制繩子的手鬆開，往前傾想要抓住岩嘴。我在恐懼中想要「自救」，結果反而給自己帶來更大的危險。幸好教練抓住了我的備用安全繩，但從此以後，我絕對不敢忘記這個攸關生死的重要教訓。

當我們深陷泥沼或瀕臨墜落邊緣時，可能出於求生的本能（加上恐懼）而亂動，但這類反應式的行為反而可能帶來危險。我們往往在最需要深思熟慮、冷靜行動的當下，卻冒險往相反方向走，結果導致我們最害怕的結果發生。

審視這些衰敗公司時，得到的教訓再度令我震撼不已：走到第四階段末期的公司在驚惶失措中病急亂投醫，結果反而加速了自己的滅亡。當然，他們的領導人後來可以聲稱：「但是看看我們做了多少事，我們改變了一切，大家嘗試了我們想得到的每一件事，用盡了所有辦法，結果還是失敗了。你不能怪我們沒有盡力。」他們不明白的是，走到衰敗後期時，領導人必須像ＩＢＭ的葛斯納那樣回歸到冷靜、理智、聚焦的做法。

如果你想扭轉劣勢、脫離困境，就必須嚴守紀律，堅決不做不該做的事情。

一九九〇年代初期，我在史丹佛企管研究所教創造力課程時，曾經邀請一位當過海軍陸戰隊的企業家到班上演講，他在越戰期間參加過好幾次叢林戰鬥。我們問他，有沒有從中學到什麼教訓後來應用在企業經營上。他想了一會兒，然後回答：「當你手下只有幾個人、而周圍都是敵人的時候，最好的辦法就是說：『你負責這邊到這邊，你負責那邊到那邊，一次只發射一顆子彈，不要用自動步槍連續掃射。』

深深吸一口氣，冷靜下來，思考，聚焦，瞄準目標，一次只發射一顆子彈。否則你可能發現自己和地址印刷機公司一樣大難臨頭。

地址印刷機公司曾經是辦公室地址印刷機和複印機的龍頭公司。如果在一九四五年初投資一萬美元買地址印刷機公司的股票，然後繼續持有到一九六〇年，將會累積五十萬美元的財富。然而一九六五年，全錄公司（Xerox）推出型號二四〇〇的影印機，直接威脅到地址印刷機公司的複印機。地址印刷機公司在驚恐之下匆匆擬定應急方案，在三年內推出了二十三種新產品。結果，寫在紙片上和信封背面的訂單散落四處，延遲、未付和無法追蹤的客戶訂單高達七千萬美元，帳目和應收帳款一團混亂。

二十三種產品中，有十六種產品失敗了。

一九七〇年代初期，地址印刷機公司獲利逐漸下降，終於出現虧損時，董事會急切地從外界延攬有遠見的領導人。新領導人是個幹勁十足的行動派，他決定讓整個公司來一次痛苦的全盤大改造、徹底的心理大轉變，發動一場轟轟烈烈的企業革命。在他看來，地址印刷機公司「就好像一艘船，一直在一座日益乾涸的湖裡轉圈圈」，因此需要「大幅改革，而且時間愈快愈好」。他大膽地「擺脫過去的包袱」，推出拯救公司的策略，藉由文字處理器和電子辦公設備等產品，大步躍進「未來的辦公室」。可惜大躍進的結果不如預期，高瞻遠矚的救星不得不面對不滿的董事會。他花了三小時的時間，拚命捍衛自己的領導地位，引用統計數字指出自己的成就。但是等激情的報告結束後，一位董事提議他退下執行長的位子。十個月後，地址印刷機公司公布了一九八一年的虧損，幾乎把公司半世紀以來累積的淨值全都抵銷掉了。

你可能心裡有很多問號，不過等一下！當然，這又是同一套老掉牙的故事了。面對全錄的新科技，他們的複印機變得落伍，於是被整個世界狠狠拋在後頭。

一方面，你想得沒錯，他們的產品線確實過時了，在破壞性的創新技術衝擊下慘遭淘汰；但另一方面，對他們的核心能力（平凹版印刷事業）而言，根本需求始終存在。即使到了今天，當我在二〇〇八年寫下這些文字的時候，離全錄公司推出影印機已經將近半世紀之久，但平凹版印刷仍然是高品質大量印刷的主要選擇。地址印刷機公司的市場可能不再是辦公室（就辦公室一次只複印一份的小規模印刷功能而言，全錄將是贏家），而需要開闢新市場，但早在一九七〇年代初期，地址印刷機公司就已經成功跨入商業印刷的市場。不幸的是，地址印刷機公司在恐慌中輕舉妄動，忽視了印刷事業中蘊含的商機，結果始終未能重振核心事業。就好像攀岩客鬆開控制繩子的手一樣，地址印刷機公司恐慌的反應終於讓自己墜下懸崖。

總而言之，地址印刷機公司不斷改弦更張，卻又自相矛盾，他們從一個新策略換到另一個新策略，把企業總部從一個城市搬到另一個城市，然後又搬到第三個城市（從克里夫蘭搬到洛杉磯，再搬到芝加哥）。不到十二年，地址印刷機公司換了四位執行長，經歷了兩次破產。有一位執行長來去匆匆，員工形容她彷彿腦科手術開到一半就跑掉了。

到了一九九〇年代末期，地址印刷機公司的規模從三萬名員工縮減到只剩幾百名員工，一九八〇年投資於這家公司的每一塊錢，如今只剩下五分錢。一位長期觀察的分析師下的結論是：「它就像個感染絕症的病人，我只能眼睜睜看著它日漸枯萎，終於回天乏術，真是悲哀。」地址印刷機公司終究在第四階段直線墜落到第五階段：放棄掙扎，變得無足輕重，或走向敗亡。

本章總結

## 第四階段的主要徵兆

- **不停更換特效藥：**企業往往會奮力一搏，採取戲劇性的大動作，例如扭轉乾坤的購併案或採取新策略或開發炫目的創新產品，希望快速催化重大突破，而且一再重複這樣的大動作，從一個計畫跳到另一個計畫，一個目標換成另一個目標，一個策略換成另一個策略，但長期下來，策略方向非常不一致。
- **尋找救世主：**董事會面對威脅和挫敗的反應是尋找魅力型領導人和外面的救星。
- **恐慌之下倉促反應：**在恐慌之下匆匆採取應急的做法，而沒能冷靜地深思熟慮、堅持紀律。
- **大張旗鼓地推動激進的變革：**「革命」式和「激進」的變革語言成為這個時期的特色：新計畫！新文化！新策略！領導人耗費很多心力在說漂亮話、設計標語、鼓舞人心上。
- **先炒作，再談實際績效：**領導人不但沒有強調反敗為勝的困難和需要耗費的時間，以避免不切實際的期望，反而炒作願景；為了彌補眼前績效不彰，而拚命推銷未來遠景，形成過度承諾、但兌現不足的情況。

- **績效雖短期回升，隨即欲振乏力：**績效一度改善回升，但後來無以為繼；由於組織沒能持續累積動能，後來希望就一個接一個破滅。
- **價值觀混亂，員工冷眼旁觀：**員工說不太出來公司代表的意義為何；幾乎沒有人在意公司的核心價值；公司只不過是「工作的場所」和領薪水的地方罷了；員工對於能否獲得最後的勝利失去信心。他們非但沒有熱情擁抱企業的核心價值和目的，反而抱著懷疑的態度，認為企業的願景和價值只不過是說說漂亮話和公關噱頭罷了。
- **經常性的重組腐蝕了公司財力：**每一次失敗的行動都會耗損資源；現金流量和財務流動性開始下降；組織經歷多次重組；選擇愈來愈少，策略性決策愈來愈受到形勢的限制。

第五階段

# 放棄掙扎，變得無足輕重或走向敗亡

等到公司走到第四階段，上位者可能早已精疲力竭、意志消沉，終於心灰意冷，放棄了所有希望。而一旦放棄了希望，大概就該準備為組織送終了。

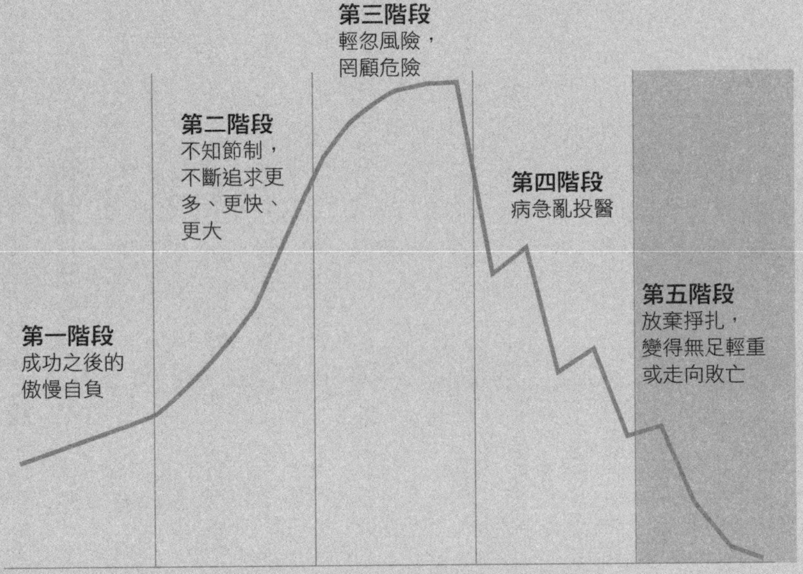

研究衰敗的最後階段時，看著一度達到巔峰的公司豎起白旗認輸，我不禁想到雷施亞教授在史丹佛企管研究所開的一門探討中小企業經營管理的課，每次上課他一走進教室，就開始拋出問題。「這個案例的核心議題是什麼？」他問。

於是，任職大企業、顧問公司和投資銀行的學生紛紛丟出：「他們的策略選擇」、「找出他們的價值鏈」，或「發展品牌」，或其他聽起來很聰明的典型MBA答案。

雷施亞不會滿足於這些空洞的術語，他步步進逼，在教室裡來回踱步。「不對！再想一想！」

最後，可能有某個學生大膽表示：「我不知道這是不是你想找的答案，但是他們下個星期就付不出薪水了，這家公司手頭的現金快花光了。」

於是雷施亞停止踱步，走到空白的黑板前面，用粗粗的大字（真的是大字，因為足足有六十公分高）寫下「現金」兩個字。然後說：「絕對不要忘記，你必須拿現金去付帳。所以你可能很賺錢，但還是破產了。」

你可能很賺錢，但還是破產了！這些在大企業上班的學生過去大都沒想過這個問題。在創業階段，領導人會努力賺足現金，讓公司能自給自足。但是當組織愈來愈成功、規模擴大以後，對現金的警覺逐漸淡去。成功的企業領導人往往花更多時間擔心公司的營收問題。但是組織不會因為收入不夠而滅亡，卻會因為缺乏現金而滅亡。

二〇〇八年末，我一面編輯這份稿子，一面看到一個令人震驚的新聞：美國公司力量的象徵——通用汽車公司（General Motors），正在尋求政府奧援，他們因缺乏現金來到第四階段末期。即使對曾為全球最大企業的通用汽車而言，雷施亞當年的忠告仍然鏗鏘有力：你必須拿現金去付帳。

> 跌跌撞撞來到第五階段時，組織每下愈況，愈來愈失控。每一次循環（病急亂投醫的結果不如理想，令他們大失所望，然後又病急亂投醫）都耗損了大量資源。結果手頭愈來愈緊，現金愈來愈不足，希望愈來愈渺茫，選擇也愈來愈少。

我們發現第五階段有兩種形式。第一種形式是公司高層認為，與其繼續纏鬥，不如乾脆承認失敗，結果可能還好一點；第二種形式是公司高層決定繼續奮鬥，但是選擇已經所剩無幾，所以最後不是關門大吉，就是完全失去昔日光芒，變得無足輕重。下面討論的兩個例子，一家公司選擇放棄掙扎、出售公司，另一家公司則繼續奮鬥，只是最後仍然免不了破產的命運。

## 放棄戰鬥

一九八〇年代末，史谷脫紙業已經遠遠落後競爭對手寶僑和金百利克拉克，他們沒有什麼選擇，唯有孤注一擲，大量舉債，繼續投資，希望迎頭趕上。從一九八五到一九九四年，史谷脫紙業的平均負債比急速上升至一七五%。資本限制導致史谷脫公司不斷重組和削減成本：從一九九〇年的一億六千七百萬美元、一九九一年的二億四千九百萬美元，到一九九四年初的四億九千萬美元。史谷脫的債務評等幾乎只比垃圾債券好一點點。就在這時，董事會延攬了「藍波艾爾」（Rambo Al）空降到史谷脫紙業擔任執行長。

一九九四年，分析師麥可奧利（Kathryn McAuley）聽到史谷脫紙業任命艾爾．鄧樂普（Al Dunlap）為執行長的消息時，她快速研究了鄧樂普的過往紀錄。「我告訴自己：『這下子，董事會把公司給賣了。』」鄧樂普的綽號「穿西裝的藍波」讓他臭名遠播，他曾經拍過一張照片，照片上的他臉頰塗得烏漆墨黑，身上背著彈藥帶，手上拿著兩把唯妙唯肖的仿製自動步槍，這個畫面更強化了他的藍波形象。鄧樂普上任後，砍掉一萬一千個工作，包括七一%的高階管理職位。削減的成本立刻反映在財務報表上，於是史谷脫的獲利反彈，鄧樂普趕緊把握時機，把一度傲視群雄的史谷脫紙業賣給最主要的競爭對手「金百利克拉克」。

大家很容易就會把注意力放在企業藍波艾爾．鄧樂普如何只花不到兩年時間，就累積了八位數字的財富，還有他為自己的高薪寫下的辯白：「在我們這一行，我可是超級巨星，就好像職籃界的麥可喬丹（Michael Jordan）和搖滾樂界的布魯斯史普林斯汀（Bruce Springsteen）一樣。所以，我的待遇應該比照其他領域的超級巨星，而不是和一般企業執行長相比。」儘管如此勇猛好鬥，鄧樂普仍然只是史谷脫紙業豎白旗投降的機制，而不是原因。假如不是史谷脫紙業早已經歷了衰敗的第一、二、三、四階段，而且喪失了財務上的掌控權，他們絕對不會請鄧樂普空降到史谷脫，為了拯救眾生而燒掉整個村子。

我們研究的企業沒有一家命中注定要一路下墜，直直跌落第五階段的谷底，每一家公司在途中都曾經有機會做不同的決定，以扭轉劣勢、鹹魚翻身。但是等到公司從衰敗的第一、二、三階段走到第四階段時，在上位者可能早已精疲力盡、意志消沉，終於心灰意冷，放棄了所有希望。而一旦你放棄了希望，大概就該準備為組織送終了。

但是單單懷抱希望還不夠，必須有足夠的資源才能繼續奮戰。如果你無法做策略性的選擇，而屈從於現實的壓力，制定決策時只著眼於短期生存，傷害了公司的長期戰鬥力，那麼東山再起的機會就愈來愈渺茫了。增你智的故事正是如此。增你智有一度曾是美國最偉大的企業成功傳奇，後來卻陷入悲劇性的漫長衰敗過程。

## 別無選擇的困境

增你智乃是在二十世紀上半葉躍升為卓越企業，當時在點子多、但性情古怪的創辦人麥當諾（Eugene McDonald）領導下，增你智在收音機和電視機市場獨占鼇頭。一九四五年六月，《財星》雜誌以跨頁文章報導增你智的故事，標題是「增你智的麥當諾司令」，還用一整頁的篇幅刊登麥當諾的照片，照片中的麥當諾神氣地站在遊歷世界各地蒐集回來的紀念品旁邊，紀念品包括船鐘、槍、愛斯基摩人遺物，甚至是曾被他當寵物飼養的企鵝製成的標本。報導中還展現出麥當諾的各種不同樣貌，包括在加勒比海釣魚、戴著歐洲伯爵送他的漂亮帽子駕遊艇遨遊四海、和愛斯基摩人一起划獨木舟、在太平洋尋找海盜的寶藏、檢視考古隊挖出來的古代殘骸、正準備登上滑翔機、在他的墨西哥金礦裡工作，還有讀《國家地理雜誌》的文章給孩子聽等。

增你智在麥當諾時代的後期邁向衰敗的第一階段：成功之後的傲慢自負。增你智當時是黑白電視機的龍頭公司，一九五〇年投資於增你智的每一塊錢，其價值到了一九六五年都增加了一百倍以上，累計股票報酬率是大盤表現的十倍以上。當日本電視機開始在市場上攻城掠地時，增你智仍然傲慢地不理會日本的威脅。在增你智眼中，只會製造便宜貨的日本人不可能對偉大的美國優質品牌造成任何威脅，增你智的標語寫著：「增你智——品質至上，實至名歸」。

於是，增你智繼續往衰敗的第二階段邁進，在一九六〇年代末期和一九七〇年代初期，不知節制地不斷追求更多、更快、更大。超越RCA、成為美國最大的彩色電視機製造公司以後，增你智乘勝追擊，擴大產能，以至於負債對股東權益比成長一倍，達到百分之百。這時候，增你智的權力交接也出了問題。麥當諾司令把公司交給一位七十來歲的執行長，並由公司律師萊特（Joseph Wright）擔任總裁。萊特後來接掌執行長，但是當萊特屬意的接班人過世時，增你智公司沒有其他的候補人選，只好從福特公司挖角，這名空降人才後來成為增你智的董事長。

接下來，增你智進入衰敗的第三階段——輕忽風險，罔顧危險，拚命歸罪於外（指著窗外說，都是日本人的貿易措施、美國經濟不振、勞工動亂、石油危機等等的錯），而沒有好好正視自己缺乏競爭力的事實。由於產能過剩，增你智為了爭奪市場占有率，壓低產品價格，又大量舉債，結果獲利率降到三十年來最低水平。

增你智終於在一九七〇年代末期墜落到衰敗的第四階段——病急亂投醫，倉皇之中同時想抓住許多不同的商機。「要說我們真的有什麼計畫，那麼我們的計畫就是什麼都參一腳。」增你智的高階主管曾對美國《商業週刊》如此表示。增你智經由電視機、家用監視攝影機、有線電視解碼器和個人電腦，又匆匆跳進了錄放影機、影碟、電話等各種領域，由於需要龐大資金，增你智的負債比升高至一四〇％。

但是，悲劇並未就此結束。令人訝異的是，增你智在情急之下亂槍打鳥的行動卻幸運地撞上了一個新機會——由幹勁十足的皮爾曼（Jerry Pearlman）領導的資料系統事業部，幾乎令增你智重返榮耀。才華洋溢、能言善道的皮爾曼以優異成績畢業於普林斯頓大學，在哈佛商學院深造時也是前百分之二的頂尖優等生，《商業週刊》稱他為「有遠見的企業家」。皮爾曼當上增你智的執行長，領導增你智成為ＩＢＭ相容性個人電腦的第二大製造商，並且很有先見之明地在新興的筆記型電腦市場上取得領先優勢。從一九八〇到一九八九年，資料系統事業部的年營收增加了三十倍，創造了增你智一半的年營收和所有的利潤。增你智原本很有機會成為另外一家戴爾（Dell）或康柏電腦。

然而電視機仍是增你智的重要事業，而多年來由於輕忽風險、罔顧危險和病急亂投醫，增你智的財務狀況每下愈況，手頭的現金不到流動負債的五％。皮爾曼想要賣掉電視機事業，卻始終談不到他想要的好價錢。幾年前，在增你智還沒有耗盡現金之前，或許還有機會關掉電視機事業部，把剩下的資源轉給資料系統事業部運用，讓增你智脫胎換骨為一家卓越的電腦公司。如今彈盡援絕的增你智被憤怒的股東罵得滿頭包，背負著五億美元的債務，而且眼睜睜看著僅有的現金日益縮水，皮爾曼發現自己手中已經無牌可打。一九八九年九月二十九日，皮爾曼在巴黎和布爾公司（Bull Corporation）執行長勞倫茲（Francis Lorentz）在餐廳見面，敲定了出售增你智電腦事業部的交易。勞倫茲後來表示，皮爾曼看起來「鬆了一口氣」。說句公道話，皮爾曼在出售電腦事業部之後確實試圖重建增你智，但電視機事業年年虧損，令增你智繼續往下沉淪，皮爾曼終於在一九九五年去職。

你或許認為，企業之所以深陷谷底、無法翻身，一定是因為領導人做了愚蠢的決策。但是從增你智的故事可以看到，如果自衰敗的第一階段到第四階段累積的效應嚴重衝擊到公司的現金流量，那麼有時候即使是最聰明、最有才幹的領導人，也無法掌控公司的命運。皮爾曼去職後，增你智在十年內如走馬燈般換了五位執行長，最後宣告破產，重新出發時只剩下四百名員工，比一九八八年全盛時期的三萬六千名員工足足少了九八％，二十世紀中葉美國企業史上最偉大的成功故事之一就此淪為泡影。

## 否定現實，還是懷抱希望？

但是，並非所有的公司都有長青的價值。說不定對整個社會而言，與其讓這些從卓越淪落到拙劣的企業繼續危害利害關係人的利益，還不如早點擺脫他們。在資源有限的世界裡，自我延續的欲望並非組織生存的正當理由，平庸的組織必須設法蛻變為卓越的組織，否則就該遭到淘汰。

那麼，企業究竟什麼時候應該繼續奮戰，以及到了什麼時候，拒絕認輸會變成另外一種形式的否定現實？或許如果史谷脫紙業的董事會當初早早賣掉公司，不要眼睜睜看著公司經歷漫長的痛苦過程才邁向終點，或淪為一家無足輕重的小公司，反而是明智之舉？又或者假如增你智早一點認輸，找個有意的買家接手經營，而沒有坐等日益膨脹的債務把公司逼入絕境，結局反而更加圓滿？如果你無法針對下面的問題：「如果我們公司無法繼續生存下去，整個社會會有什麼損失？在哪些方面會大不如前？」提出鏗鏘有力的答案，那麼或許豎白旗投降確實是明智之舉。但如果貴公司確實以核心價值為基礎，建立起一套能鼓舞人心的宗旨，大家都很清楚組織生存的意義，那麼或許你們應該奮戰不懈，設法轉敗為勝，重返卓越。

事實上，你們之所以繼續奮鬥，不單只是為了生存而已，而是要打造一家卓越企業，能以傲視群倫的表現，為世界做出獨特的貢獻，所以萬一公司倒閉了，將留下無法填補的缺口。為了達到這個目的，領導人必須始終保持堅定的信念，相信為了追求比企業生存更偉大的目標，大家終究會披荊斬棘，獲得最後的勝利，如此一來，無論在路途中經歷多少艱險磨難，都能堅忍卓絕，採取必要的行動。這樣的領導人才能帶領我們找到出路、衝破黑暗，帶來有憑有據的合理希望。這也是我們接下來要探討的領導人問題。

結語

# 谷底翻身，希望在人間

卓越的公司可能倒下，但會東山再起；
卓越的機構可能走下坡，但會重新出發；
偉人也可能會栽觔斗，但他們會重新站起來。
只要你沒有被淘汰出局，永遠都有希望。

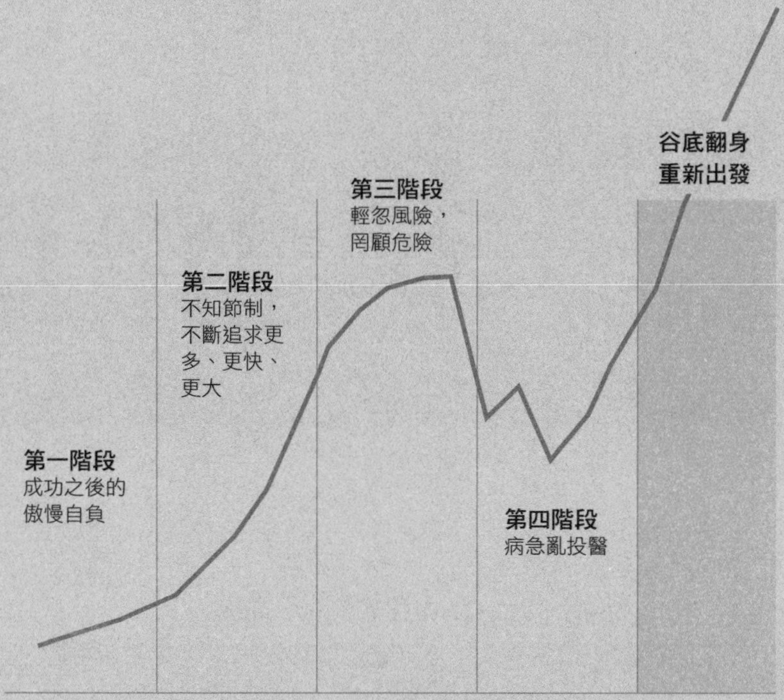

當穆卡希（Anne Mulcahy）於二〇〇一年成為全錄公司執行長時，她接手的是一家身陷衰敗第四階段的公司。由於虧損高達二億七千三百萬美元，全錄的股價在兩年內一落千丈，跌了九二%，三百八十億美元的股東價值也隨之蒸發。由於全錄的負債比高達九〇〇%，債券被穆迪（Moody's）評為垃圾債券。美國證交會甚至調查全錄的帳目，禁止全錄註冊發行任何證券，限制其籌資方案。穆卡希上任時，面對一百九十億美元的債務，手頭卻只有一億美元現金，她形容當時的情況「非常可怕」。

## 拯救全錄

在任命穆卡希擔任執行長之前，全錄為了迎接數位時代，曾經努力自我改造。執行長阿雷爾（Paul Allaire）把棒子交給從ＩＢＭ挖角過來的超級明星托曼（Richard Thoman，他曾是葛斯納的手下大將），自己則繼續擔任董事長。「我們要找的是變革推動者。」阿雷爾說明他們引進空降部隊的原因。但是托曼只當了十三個月的全錄執行長。

二〇〇〇年五月，即將赴東京出差的穆卡希才剛把行李打包好，就被阿雷爾召進辦公室。「以下是我們的條件，」阿雷爾說，「雷克（托曼）去職，我回來當執行長，我希望你能夠擔任全錄的總裁兼營運長，一年後如果一切都進行順利，你將會擔任執行長。」

穆卡希從來不曾打算或期望成為執行長，對於這次升官大吃一驚。「董事們可能往椅子上一靠，說：『我們還有什麼選擇呢？』所以我不能說我是在熱烈支持下出線的。」穆卡希在全錄是不折不扣的自家人，她在全錄的銷售部門和人資部門工作了將近二十五年，從來不曾引起外界注意，在她擔任總裁的前一年，甚至沒有名列《財星》雜誌「五十位企業界最有權力的女性」之中。

穆卡希原本可能打破全錄的傳統文化，一夕之間令全錄全盤翻新，讓全錄永遠陷在第四階段的命運環路中。但是當許多人勸她，為了挽救公司必須推翻既有文化時，她反駁說：「我就是全錄的文化。如果我沒辦法找出延續全錄文化的做法，那麼我就不是擔任這個職位的適當人選。」

對穆卡希而言，重要的是全錄，而不是她。當《新聞週刊》（*Newsweek*）打電話給她時，穆卡希拒絕受訪談論自己的管理風格。事實上，我們發現穆卡希接掌執行長的頭三年，只出現四篇關於她的媒體報導文章，由於《財星》五百大企業拔擢女性擔任執行長的可說寥寥無幾，因此這個數字實在是少得驚人。

有的觀察家質疑，這位全錄自行培植、染色體上深印著全錄DNA、沒沒無聞的團隊合作者，是否真的具備了挽救全錄所需的堅強意志力。他們的第一個線索或許來自於閱讀穆卡希最喜歡的書籍，雅麗珊德（Caroline Alexander）的著作《極地》（*The Endurance*），這本書記錄了一九一六年一支探險隊搭的船在南極浮冰擠壓下裂成碎片後，探險家薛克頓（Ernest Shackleton）如何克服重重困難拯救了全部隊友。薛克頓在五名船員陪伴下，搭乘七公尺長的救生艇在怒海中航行了一千三百公里，向外求援，希望能解救其他倖存者。穆卡希受到薛克頓的啟發，足足有兩年之久，週末從來不休息。她關掉了好幾個事業部，包括自己早年大力支持的噴墨印表機事業部，並且削減二十五億美元的成本開銷。做這些決策並不容易，但是要避免大難臨頭就非得如此。

在最黑暗的日子裡，全錄面對破產的威脅，顧問一再建議穆卡希考慮申請破產保護，她總是默不吭聲，不肯同意。儘管外界有強大聲浪建議她削減研發經費以挽救公司，她仍不輕易動搖，因為她知道，唯有大刀闊斧地削減預算，同時進行長期投資，才能重返卓越。所以實際上在全錄跌落谷底時，她反而提高研發預算占銷售總額的比例。「在我看來，重要的是打造一家員工能在這裡待到退休、他們的下一代也能來上班的公司，而且要讓員工有一天能因為公司的成就而深感自豪。」

在二〇〇〇和二〇〇一年間，全錄的虧損金額高達三億六千七百萬美元。但到了二〇〇六年，全錄的獲利已超過十億美元，財務狀況日益好轉。二〇〇八年，《執行長》雜誌挑選穆卡希為年度執行長。本書在二〇〇八年撰稿期間，全錄的轉型已順利經過七個年頭，當然，沒人能擔保全錄往後依然會持續攀升，但全錄從二〇〇〇年代初到目前為止的復甦過程，仍然令人印象深刻。

扭轉危機，不要製造危機

## 危機和轉機

全錄、紐可、IBM、德州儀器、必能寶（Pitney Bowes）、諾斯壯、迪士尼、波音、惠普、默克，這些公司有什麼共通點嗎？

每一家公司在發展歷程的某個階段都至少重重跌過一次跤，但後來又重整旗鼓，重新出發。有的時候公司在規模還小、體質還很脆弱時就栽了觔斗，有時則等到公司規模龐大、地位穩固之後才重重跌一跤。但是在每個案例中，都會出現扭轉乾坤的領導人，即使勝算微乎其微，仍然拒絕放棄，不只為了公司生存，也為了贏得最後的勝利而努力奮鬥。這些領導人和穆卡希一樣，把衰敗當成催化劑。長期領導默克生產部門、並在吉爾馬丁之後擔任執行長的克拉克（Dick Clark）就曾說過：「把危機白白浪費掉實在太可惜了。」

如果我們發現組織的衰敗乃肇因於我們無法控制的力量，而且裁觔斗的公司最後都持續滑落、難逃厄運，那麼我們因此灰心喪志還有一點道理。但我們從分析中得到的結論並非如此，至少如果你陷入衰敗的第一、第二和第三階段時不一定如此；在某些情況下，即使你已深陷衰敗的第四階段，但只要有足夠的資源擺脫病急亂投醫的惡性循環，重新開始腳踏實地、步步為營，那麼仍然有翻身的機會。

假如貴公司還沒有開始走下坡，那麼切記，一定要經得起誘惑，公司還沒有碰到危機時，千萬不要宣稱自己面臨危機。還記得葛斯納的哲學嗎：正確的領導人無論時機好壞，不管面對威脅或機會或任何情況，始終有一種迫切感。他們有一股強烈的創造性衝動，彷彿身體裡有一股熊熊烈火，驅使他們不斷追求進步，有沒有面臨威脅都一樣。另一方面，拚命在沒有危機的時候製造危機感，高喊著就要火燒眉頭、目前的一切即將毀於一旦，只會引來挖苦和白眼。正確的領導人無論是否火燒眉頭，都會推動組織持續改善，絕不把危機當手段，隨便在內部操弄危機感。

但如果公司真的開始走下坡，面臨真正的危機，那麼最好盡快擺脫病急亂投醫的循環。如果想要扭轉頹勢，最重要的是回歸健全的管理措施和嚴謹的策略思考。我在

〈附錄6〉列出三個反敗為勝的卓越案例（IBM、紐可和諾斯壯），透過「從A到A⁺」的原則和架構（請參見〈附錄7〉的整理），勾勒出他們的復甦過程。如果你想重溫管理學，那麼重新閱讀杜拉克（Peter Drucker）、波特（Michael Porter）、戴明（William Edwards Deming）、畢德士（Tom Peters）／華特曼（Robert H. Waterman, Jr.）等人的經典巨著，絕對有益無害。當然，你必須先止血，確定不會耗盡現金，但這只是急救手術，還不是復甦。關鍵在於你們有沒有適當的紀律來因應衰敗，以及你們能不能熱情地堅持與復甦和躍升相關的經營管理紀律。

## 當世界失控時

不過接下來還有一個問題：二十世紀著名經濟學家熊彼得（Joseph Schumpeter）所謂「創造性破壞的持續風暴」，又是怎麼一回事呢？也就是日新月異的科技和高瞻遠矚的創業家顛覆了舊秩序，開創了新秩序，然而不久之後，剛建立的新秩序又崩潰瓦解，更新的秩序取而代之，形成無休無止、周而復始的動盪混亂。或許在現代世界裡，每個社會機構都要面對快速、龐大且無法預測的破壞力，因此在幾年或幾十年內，所有的組織遲早都會走上衰敗的道路，沒有例外。那麼即使遭逢亂流，我們仍然能設法避免衰敗嗎？

進行本項研究時，我和同事韓森同時也在進行一項為期六年的研究計畫，探索同樣處於變幻莫測、動盪不安的環境，為何有些原本體質脆弱的公司可以躍升為卓越企業，有些則無法安然度過難關。想一想下面的比喻：假設你在聖母峰的山腳下紮營，一大早醒來，發現暴風雨席捲而至。那麼暴風雨來襲時，你還可以躲在帳篷裡避難。但如果你醒來時，已經是在八千公尺高且毫無屏障的山坡上，而更大的風暴正更快速地席捲而至，周遭的環境也更嚴峻殘酷，情況更加難以預料且無法掌控，那麼你很可能在暴風雨中丟掉性命。我們相信大多數的領導人都認為，他們就像攀登高山一樣，面對愈來愈動盪不安的嚴苛環境。

這項新研究讓我們對於在動亂中生存的原則和策略有更多了解，我想要在此先分享一個和企業衰敗直接相關的重要結論。

當世界逐漸失控時，當外在的混亂情勢可能顛覆了我們最完善的規畫時，我們依然能掌握自己的命運嗎？還是我們必須承認，創造性破壞的力量將主宰一切，即使對頂尖公司而言，成功都是短暫的？

我們的研究顯示，即使面對種種混亂、不確定和劇烈變化，仍有可能建立卓越的組織，歷經數十年（或甚至更長久的時間）後，始終維持非凡的經營績效。事實上，我們的研究顯示，如果你們一直認真實踐卓越的A⁺公司所秉持的原則，你們反而應該跪下來祈求形勢更加詭譎混亂、考驗更加嚴苛，因為這樣一來，你們就更能遙遙領先其他無法持之以恆的公司了。但要注意的是，如果你們在動亂時代中走上衰敗之路（如果你們忍不住開始傲慢自負、過度擴張、否認現實、病急亂投醫），那麼走下坡的速度將比承平時期更快、更嚴重。二〇〇八年，美國最大的金融機構幾乎在一夕間崩潰瓦解，正顯示了在高度動盪不安的世界裡，企業巨人崩跌的速度有多快。

如果你們已經開始陷入衰敗，那麼回頭是岸，趕快堅守原本的紀律，這件事刻不容緩！如果你們的實力還很堅強，那麼要對衰敗的早期徵兆保持警覺。但最重要的是，不要以為成功之後必然會因為無法控制的外在力量而導致衰亡。從我們所採用的對照分析方式（把成功的結果和不成功的結果拿來比較分析，挑選面臨類似處境的類似公司，盡可能將變數減到最低）中產生一個重要的洞見：境遇不必然決定結果。當然，突發的意外災難還是有可能出現，生命原本就無法提供百分之百的保證；即使你是有史以來最努力不懈、最健康的運動員，仍有可能突然生病或遭逢意外，並因此中斷了運動生涯。但撇開這些不談，我們的研究提供的最重要教訓是：我們的境遇、我們的挫敗、我們的歷史、我們的錯誤、甚至驚人的重大失敗，都不足以把我們困住。我們終將從自己的選擇中獲得自由。

真正卓越的公司和還算成功的公司之間的差別不在於有無碰到困難，而在於從挫敗中反彈的能力，即使碰到巨大災難，能不能比過去更加堅強茁壯。偉大的國家可能衰敗，但會再度崛起；卓越的公司可能倒下，但會東山再起；卓越的機構可能走下坡，但會重新出發；偉人也可能會栽觔斗，但他們會重新站起來。只要你沒有被淘汰出局，永遠都有希望。

## 邱吉爾的啟示

在人生旅途上和在工作中，我們遭逢不可避免的挫敗而努力奮戰時，都需要一盞指路明燈。對我而言，研究邱吉爾（Winston Churchill）的生平往往帶來很大的啟示。根據傳記作家考爾思（Virginia Cowles）的說法，一九三〇年代初，邱吉爾的事業陷入了「似乎沒有出路的困境」，當時他年近六十，身材愈來愈臃腫，頭髮也日益稀疏。身為財政部長，他決定讓英國恢復金本位制度，結果錯誤的財政措施讓英國人在經濟大恐慌中吃盡苦頭，社會大眾紛紛把矛頭指向他。當時他不但和自己的政黨決裂，還和社會主流意見唱反調，反對印度自治，甚至拒絕和甘地會面。

之前，邱吉爾早已被貼上標籤，遭指稱是釀成一次大戰加里波利（Gallipoli）慘劇的始作俑者。當時英國為了將土耳其逐出戰場，並從東南方攻擊德國和奧地利，因而擬定進攻加里波利半島的作戰計畫，結果搞砸了，英軍此役的傷亡人數高達二十一萬三千九百八十人，卻毫無斬獲；雖然後來達達尼爾委員會（Dardanelles Commission）洗刷了他的冤屈，這場敗仗仍在他的名聲上留下汙點。一九二九年股市大崩盤，邱吉爾蒙受巨大損失。一九三一年十二月十二日，邱吉爾在紐約第五大道街頭步下人行道，習慣性地把頭轉向右邊，察看有沒有來車，就像在倫敦街頭一樣，卻忘了在美國應該把頭轉向左邊。結果，路人只聽到不祥的「砰！」一聲，一輛以時速五十公里行駛的汽車從左邊駛來，把邱吉爾撞倒在地。他被送進醫院，療養了很久才康復，消沉了好一段時間。

在邱吉爾的傳記《最後的雄獅》（*The Last Lion*）系列第一冊結尾中，作者曼徹斯特（William Manchester）描述了邱吉爾在一九三二年的處境。有一次，艾絲特（Lady Astor）和史達林（Joseph Stalin）談話時，史達林詢問她英國政界的情況。於是艾絲特閒聊著哪些人正當紅、哪些人逐漸嶄露頭角，同時認為張伯倫（Neville Chamberlain，曾在一九三七至一九四〇年擔任英國首相）是一顆耀眼的明星。

「那麼邱吉爾呢？」史達林問。

「邱吉爾？」艾絲特睜大眼睛，不屑地皺了鼻頭，「噢，他已經玩完了。」

八年後，一九四〇年六月四日，邱吉爾以首相身分站上英國國會殿堂，當時希特勒的裝甲部隊橫掃法國，而波蘭已經淪陷；比利時，淪陷了；荷蘭，淪陷了；挪威，淪陷了；丹麥，淪陷了；法國，崩潰瓦解中；至於英國，則一路潰敗，導致敦克爾克大撤退（Dunkirk evacuation）。當時世界各國領袖，包括許多英國領導人，都認為別無選擇，唯有將歐洲版圖拱手讓給納粹政權。邱吉爾的政敵認為他必然無計可施，唯有和希特勒及他的納粹爪牙談和，他們一心盼望邱吉爾屈服，以便從中謀取政治利益。

結果他們大失所望。

那天在國會殿堂上，邱吉爾緊抓著手上的講稿，因為他總是害怕少了這份精心準備的講稿，自己會不知道要說什麼。當下，他凝視著滿堂國會議員，發表他著名的演講詞：「我們絕對不會投降，即使敵軍征服了這座島或島上大部分的土地，人民忍飢挨餓，然而在海外，由英國武裝艦隊保衛的大不列顛帝國仍將繼續這場奮戰，等到上帝安排的時機來臨，新世界將發揮莫大力量勇敢向前，拯救和解放舊世界。」

公開宣示對抗軸心國的決心後，邱吉爾不但挽救了自己的聲譽，後來還贏得諾貝爾文學獎，更在七十七歲高齡重新擔任英國首相，受封為爵士，並且很有先見之明地對蘇聯的侵略野心提出預警，將「鐵幕」這個名詞烙印在冷戰詞彙中。

一九四一年，在英國最艱困的日子裡，邱吉爾回到母校哈羅公學（Harrow，他就讀這所學校時，成績糟得不得了），在畢業典禮上致辭。整場典禮中，邱吉爾大半時間都呼呼大睡，令校長擔憂地看了他好幾眼。但等到主持人介紹他出場，他大步走上講台，注視著滿堂男生，發表他送給畢業生的話：「絕不屈服，絕不屈服，絕不、絕不、絕不、絕不，無論任何情況，無論事情大小輕重，絕對不能屈服，必須堅持榮譽和正確判斷。絕對不屈從於武力，即使敵人顯然擁有壓倒性的力量，都不能屈服。」

絕不屈服。願意改變戰術，但絕對不犧牲核心目的。願意扼殺失敗的商業構想，甚至關掉經營已久的龐大事業，但絕不放棄打造卓越公司的理念。願意從事不同的商業活動，甚至跨入截然不同的領域，但絕不放棄形塑公司文化的核心原則。願意欣然接受不可避免的創造性破壞，但絕不放棄開創自己未來的自我紀律。願意蒙受損失、忍受痛苦、暫時失去自由，但絕不放棄終將贏得最後勝利的信念。願意化敵為友，在必要時妥協，但絕不、絕不放棄你們的核心價值。

這種堅忍卓絕、不屈不撓的精神就是衝破黑暗的起點。忍受失敗的痛苦是一回事，許多長青的企業和社會機構都曾經失敗，但是放棄自己的價值和抱負，卻完全是另外一回事（如此一來，所有的煎熬和奮鬥都變得毫無價值）。

失敗，其實是一種心智狀態；真正的成功，乃是無休無止地跌倒之後，再重新站起來。

附錄

# 研究資料

附錄 1：衰敗公司的篩選標準

附錄 2：對照組成功公司的篩選標準

附錄 3：房利美和二〇〇八年的金融危機

附錄 4A：「公司之所以衰敗，不見得是因為自滿」的證據

附錄 4B：衰敗公司「病急亂投醫」的證據

附錄 5：怎麼樣才能把「對的人」擺在關鍵位子？

附錄 6A：谷底翻身的案例：IBM

附錄 6B：谷底翻身的案例：紐可鋼鐵公司

附錄 6C：谷底翻身的案例：諾斯壯

附錄 7：「從優秀到卓越」的架構之觀念整理

附錄1

# 衰敗公司的篩選標準

我們的研究過程有一部分是根據預先設定的客觀標準來挑選研究案例，而不是先決定好我們「想要」研究哪些公司，然後再努力從公司數據中尋找哪一段時期的型態正好符合我們的標準。我們反而在還沒看到公司數據前就先擬定篩選標準，然後有系統地淘汰不符合標準的公司。接下來，將說明我們如何一步步挑選出最後這組衰敗公司。（累計股票報酬率的計算乃是根據以下資料來源提供的數據：芝加哥大學商學研究所證券價格研究中心 ©200601 CRSP®, Center for Research in Security Prices. Graduate School of Business, The University of Chicago. Used with permission. All rights reserved. www.crsp.chicagobooth.edu.）

## 最初的樣本

我們從《從A到$A^+$》和《基業長青》的研究資料庫中，先挑出代表三十幾個產業

| | | | |
|---|---|---|---|
| 3M | A&P | 亞培 | 地址印刷機公司 |
| 美國運通（American Express） | 艾美絲百貨 | 美國銀行 | 伯利恆鋼鐵（Bethlehem Steel） |
| 波音 | 必治妥施貴寶（Bristol-Myers Squibb） | 寶羅斯（Burroughs） | 大通銀行（Chase Manhattan） |
| 克萊斯勒 | 電路城 | 花旗銀行（Citicorp） | 高露潔（Colgate） |
| 哥倫比亞電影公司 | 艾克德 | 房利美 | 福特汽車 |
| 奇異 | 吉列（Gillette） | 通用汽車 | 大西部理財公司（Great Western） |
| 哈里斯（Harris） | 孩之寶（Hasbro） | 惠普 | 豪生（Howard Johnson） |
| IBM | 嬌生 | 建伍（Kenwood） | 金百利克拉克 |
| 克羅格 | 萬豪（Marriott） | 麥道（McDonnell Douglas） | 梅維爾（Melville） |
| 默克 | 摩托羅拉 | 諾斯壯 | 諾頓（Norton） |
| 紐可鋼鐵 | 輝瑞（Pfizer） | 菲利普莫里斯（Philip Morris） | 必能寶 |
| 寶僑 | 雷諾茲（R. J. Reynolds） | 樂柏美 | 史谷脫紙業 |
| 塞羅（Silo） | 索尼 | 德利台（Teledyne） | 德州儀器 |
| 普強（Upjohn） | 華爾格林（Walgreens） | 沃爾瑪 | 迪士尼 |
| 華納蘭茂（Warner-Lambert） | 富國銀行（Wells Fargo） | 西屋（Westinghouse） | 增你智 |

的六十家公司（參見上頁表格）。

**標準一：公司過去在某個階段曾是卓越的$A^{+}$公司**

列入考慮的公司必須符合下列任一條件：

一、在《基業長青》中被選為高瞻遠矚的公司或在《從A到$A^{+}$》中被選為「從優秀躍升到卓越」的$A^{+}$公司。

二、在《基業長青》或《從A到$A^{+}$》中被選為對照公司，而且在公司史的某個階段，十五年累計股票報酬率曾超越大盤三倍以上。請注意，我們的研究方法乃是研究公司發展史的某個特定時期，當時公司表現符合特定的績效標準。公司可能在某個時期的績效很高，但後來走下坡（正是本研究的研究對象）；同樣地，公司也可能在某個時期表現低於一般水準，然後就突飛猛進，展現非凡的績效（這種公司就是《從A到$A^{+}$》的研究對象）。

（一）例外：如果候選公司只有在遭收購前的十二個月符合二的標準，就應該被排除在外，因為有可能是購併題材遭到炒作而導致股價上漲。

（二）例外：如果候選公司在十五年內績效超越大盤三倍以上是因為短暫的高峰期

表現，而不是持續累積的績效，那麼就應該被排除在外。檢驗任何十五年的累計股票報酬率是否屬於「尖峰型態」的標準為：1.計算公司表現擊敗大盤三倍以上的這十五年間，其累計股票報酬率增加的百分比；2.計算這十五年從剛開始到第十年時的累計股票報酬率增加的幅度；3.如果2的計算結果除以1的計算結果得到的數字低於〇・二，那麼就屬於「尖峰型態」。請參見下面表格的說明。

（三）例外：如果候選公司在超越大盤績效三倍以上的十五年間，虧損的年頭多於獲利的年頭，那麼就刪除這家公司。

三、由於缺乏某些對照公司的早期數據，無從評估他們表現最佳時期的股票報酬率，我們可以藉由強而有力的證據來說明，這家公司在證券價格研究中心數據尚未出現前已經非常成功。這類證據必須屬於以下三類：（一）有財務數據顯示，這家公司是那一行

| | 案例 1 | 案例 2 |
|---|---|---|
| **15 年期的開始** | 大盤表現的 1.0 倍 | 大盤表現的 1.0 倍 |
| **15 年期的前 10 年** | 大盤表現的 1.25 倍 | 大盤表現的 1.75 倍 |
| **15 年期的 15 年** | 大盤表現的 4.0 倍 | 大盤表現的 3.1 倍 |
| **計算 2** | 25% | 75% |
| **計算 1** | 300% | 210% |
| **2/1** | 0.08 | 0.36 |
| **結論** | 尖峰型態 | 非尖峰型態 |

中規模最大且最成功的公司；（二）有證據顯示，這家公司在巔峰時期對於產業的發展產生重大影響；（三）有證據顯示，這家公司的卓越表現和重要影響力至少維持了二十年。

淘汰的公司：大通銀行、哥倫比亞電影公司、大西部理財公司、豪生、建伍、諾頓、塞羅、雷諾茲、普強。

## 標準二：衰敗公司的候選名單——從卓越A⁺公司淪為平庸或更差

通過第一階段篩選的公司，如果符合下面任一條件，則有資格成為候選公司：

一、在《基業長青》中被選為高瞻遠矚的公司或在《從A到A⁺》中被選為「從優秀躍升到卓越」的A⁺公司，同時從一九九五到二〇〇五年間出現負面轉折。這裡所謂的「負面轉折」，是指從一九九五年一月一日到二〇〇五年一月一日的累計股票報酬率，是大盤表現的〇．八倍以下。

二、在《基業長青》或《從A到A⁺》中被選為對照公司，而且曾經十年的累計股票報酬率是大盤表現的〇．八倍以下（或如果衰敗的時間不到十年，那麼就計算到公司破產或被收購為止），後來公司在發展歷程中，也不曾再有十五年累計股票報酬率超越大盤三倍以上。

淘汰的公司：3M、亞培、美國運通、波音、克萊斯勒、花旗銀行、高露潔、房利美、福特、奇異、吉列、哈里斯、IBM、嬌生、金百利克拉克、克羅格、萬豪、諾斯壯、輝瑞、菲利普莫里斯、必能寶、寶僑、德州儀器、華爾格林、沃爾瑪、華納蘭茂、富國銀行。

**標準三：其他的淘汰條件**

**產業效應**：如果很有理由懷疑這家公司的表現型態乃是受到產業效應波及，那麼就把這家公司從名單中刪除。

**創辦人效應**：如果公司只有在某位創辦人在位時向上躍升，而且那位創辦人卸任不到一年，公司便持續走下坡，那麼就把這家公司從名單中刪除。

**卓越績效發生在一九五〇年以前**：如果公司出現卓越績效的時期乃是在一九五〇年之前，我們沒有足夠資料可以詳細檢視這家企業的興衰過程，那麼就把這家公司從名單中刪除。

## 最後的企業衰敗研究案例

| 公司 | 進行衰敗分析的時期 | 整體時間架構 |
|---|---|---|
| A&P | 1950 年代－1970 年代 | 1859－1998 |
| 地址印刷機公司 | 1960 年代－1980 年代 | 1896－1998 |
| 艾美絲百貨 | 1980 年代－1990 年代 | 1958－2002 |
| 美國銀行 | 1970 年代－1980 年代 | 1904－1998 |
| 電路城 | 1990 年代－2000 年代 | 1949－2008 |
| 惠普 | 1990 年代－2000 年代 | 1937－2008 |
| 默克 | 1990 年代－2000 年代 | 1891－2008 |
| 摩托羅拉 | 1990 年代－2000 年代 | 1927－2008 |
| 樂柏美 | 1980 年代－1990 年代 | 1920－1998 |
| 史谷脫紙業 | 1960 年代－1990 年代 | 1879－1995 |
| 增你智 | 1960 年代－1980 年代 | 1923－2000 |

**緩慢的衰敗過程**：如果這家公司在向上躍升之前，走下坡的過程持續了幾十年，令人懷疑它在衰敗之前是否真的能稱為卓越公司，那麼就把這家公司從名單中刪除。

淘汰的公司：伯利恆鋼鐵、必治妥施貴寶、寶羅斯、艾克德、通用汽車、孩之寶、麥道、梅維爾、紐可、索尼、德利台、迪士尼、西屋。

附錄2

# 對照組成功公司的篩選標準

我們以往的研究方法都是針對高度成功和不太成功的結果做對照分析。進行本書的分析時，我們調整了對照方式，挑選成功的公司為對照組來和衰敗的公司做比較。在衰敗公司由盛而衰的轉折期間，對照的成功公司都能達到或保持非凡的經營績效。其中有六個案例在過去的研究中已挑選出成功的對照公司（這六個案例是A&P、地址印刷機公司、艾美絲、美國銀行、史谷脫紙業和增你智）。

針對其餘的案例，我們進行了以下的篩選和評分過程。我們根據標準工業分類碼（Standard Industrial Classification，簡稱SIC）、金融分析師的報告、胡佛（Hoover）和穆迪（Moody）的報告、《財星》雜誌排行榜以及已發表的文章，從對照挑選年份與衰敗公司在同一個產業的成功公司當中，找出一組可能的候選公司[4]。然後再根據以下六個標準，設計了一個量化的評分架構。

## 行業一致性

候選公司在挑選年份和衰敗公司乃是在同一個行業中競爭。我們針對每一個案例發展出客觀的架構，以1到4分來評估不同公司在行業中的重疊程度。

## 規模一致性

候選公司在挑選年份的規模和衰敗公司不相上下。

**得4分：**如果營收比在0.80和1.25之間。

**得3分：**如果營收比在0.60和0.80之間或1.25和1.67之間。

**得2分：**如果營收比在0.40和0.60之間或1.67和2.50之間。

**得1分：**如果營收比在0.40以下或2.50以上。

## 年齡一致性

候選公司在挑選年份的年齡和衰敗公司不相上下。

---

❹電路城、惠普、默克和摩托羅拉的對照組挑選年份為一九九五年，樂柏美的對照組挑選年份為一九九二年。

**得4分：**如果衰敗公司和候選公司都在一九五〇年以前創立，或年齡比介於0.90和1.11之間。

**得3分：**如果年齡比介於0.75和0.90之間，或1.11和1.33之間。

**得2分：**如果年齡比介於0.50和0.75之間，或1.33和2.00之間。

**得1分：**如果年齡比小於0.50或大於2.00。

## 績效一致性

候選公司在挑選年份之前的十年，累計股票投資報酬率和衰敗公司不相上下。

**得4分：**如果雙方累計股票報酬率的差異在〇至一〇%之間。

**得3分：**如果雙方累計股票報酬率的差異在一〇%至二五%之間。

**得2分：**如果雙方累計股票報酬率的差異在二五%至五〇%之間。

**得1分：**如果雙方累計股票報酬率的差異高達五〇%以上。

## 績效落差

候選公司在挑選年份之後的十年間，經營績效超越衰敗公司。

**得4分：**如果候選公司的累計股票報酬率是衰敗公司的3.0倍以上。

**得3分：**如果候選公司的累計股票報酬率是衰敗公司2.0到3.0倍之間。
**得2分：**如果候選公司的累計股票報酬率是衰敗公司1.5到2.0倍之間。
**得1分：**如果候選公司的累計股票報酬率是衰敗公司1.0到1.5倍之間。
**自動淘汰的公司：**如果候選公司的累計股票報酬率是衰敗公司的1.0倍以下。

## 卓越程度

候選公司在挑選年份之後十年間表現出色，聲譽良好。分數從4分開始計算。
**不減分：**如果其累計股票報酬率是大盤的2.5倍以上。
**減0.5分：**如果其累計股票報酬率是大盤的2.0到2.5之間。
**減1分：**如果其累計股票報酬率是大盤的1.5到2.0之間。
**減1.5分：**如果其累計股票報酬率是大盤的1.0到1.5之間。
**減2.0分：**如果其累計股票報酬率是大盤的0.8到1.0之間。
**自動淘汰的公司：**如果其累計股票報酬率低於大盤表現的0.8。
如果公司在篩選年份和往後十年名列《財星》雜誌「最受推崇的企業」排行榜且在同業中：
名列第一，則不減分

名列第二或第三，則減0.5分
名列第四或第四以下，則減1.0分

| 電路城的對照組成功公司的分數 | |
|---|---|
| 百思買 | 18.5 |
| 沃爾瑪 | 14.0 |
| 無線電屋（Radio Shack） | 11.0 |

| 惠普的對照組成功公司的分數 | |
|---|---|
| IBM | 15.5* |
| 德州儀器 | 15.5* |
| 戴爾 | 13.5 |
| 蘋果 | 11.0 |
| 英特爾 | 10.5 |
| 昇陽電腦 | 9.5 |

*IBM 在行業一致性的決勝局中勝出。

| 默克的對照組成功公司的分數 | |
|---|---|
| 嬌生 | 19.0 |
| 輝瑞 | 17.0 |
| 亞培 | 16.0 |
| 禮來（Eli Lilly） | 16.0 |
| 惠氏（Wyeth） | 15.5 |
| 先靈葆雅（Schering-Plough） | 14.0 |

| 摩托羅拉的對照組成功公司的分數 | |
|---|---|
| 德州儀器 | 17.5 |
| IBM | 15.0 |
| 奇異 | 14.5 |
| 英特爾 | 14.5 |
| 哈里斯 | 14.0 |
| 應用材料（Applied Materials） | 11.0 |
| 思科（Cisco） | 11.0 |
| 愛默生（Emerson） | 10.5 |

我們針對每一家衰敗公司都找到成功的對照案例，唯獨樂柏美例外。就樂柏美的例子而言，一開始，總共有二十六家可能的對照公司。其中有的公司行業重疊性不夠高，有的公司在研究分析的這段時期遭購併，有的公司由於不是上市公司，因此缺乏公開的績效資料，有的公司則經營績效太差。刪除這些公司後，我們找不到任何一家公司足以作為樂柏美的成功對照公司。我們把最後篩選出來的成功對照公司附在下方。有趣的是，某家公司的對照組成功公司（摩托羅拉在一九七〇年代是增你智的對照公司），到了一九九〇年代卻成為衰敗公司。由此可見，沒有任何公司能保證永遠成功！

| 衰敗的公司 | 成功的對照公司 |
| --- | --- |
| A&P | 克羅格 |
| 地址印刷機公司 | 必能寶 |
| 艾美絲 | 沃爾瑪 |
| 美國銀行 | 富國銀行 |
| 電路城 | 百思買 |
| 惠普 | IBM |
| 默克 | 嬌生 |
| 摩托羅拉 | 德州儀器 |
| 樂柏美 | 無合格的對照公司 |
| 史谷脫紙業 | 金百利克拉克 |
| 增你智 | 摩托羅拉 |

## 附錄3

# 房利美和二〇〇八年的金融危機

一九八〇年代初期，房利美在麥克斯威爾（David Maxwell）領導下，經營績效出現了非凡的大躍進，我們因此將房利美納入《從A到$A^{+}$》的卓越公司之列。房利美原本只是個官僚氣息濃厚的政府特許機構，卻在麥克斯威爾的領導下脫胎換骨為成長快速的資本市場事業，累計股票報酬率也超越大盤表現。我們的研究是以房利美在一九六九到一九九九年的三十年累計股票報酬型態為篩選基準，針對房利美的分析也把焦點放在這段時期。

不幸的是，房利美在二〇〇〇年以後的表現卻背道而馳：從卓越淪為平庸，甚至幾乎消失不見。我在前面提過，《為什麼$A^{+}$巨人也會倒下》的完整分析之所以沒有納入房利美，原因其實很簡單：我們在二〇〇五年挑選衰敗公司作為研究對象時，房利美（以及資料庫中其他金融機構）還沒有倒下，所以不符合本研究的條件。於是，我決定不要只因為房利美是媒體焦點，就在最後一刻把它納入研究計畫中，而是在附錄中對房利美事件寫個短評。

在檢視房利美和其他金融機構二〇〇八年的大崩盤時，我一直思考電影《鐵達尼號》中的畫面。在那場戲中，鐵達尼號的船主、白星郵輪公司（White Star Line）的伊斯梅（J. Bruce Ismay）看到這艘巨大郵輪即將滅頂時，覺得難以置信：「但是，這艘船不可能會沉。」

鐵達尼號的設計師安德魯斯（Thomas Andrews）回答：「她是鐵做的。我可以擔保，她會沉。」

當美國房地產泡沫破裂時，主要金融機構的主管全都難以置信，似乎無法面對可怕的現實處境。在檢視我們針對房利美蒐集的資料時，我們發現，幾乎沒有證據顯示，房利美的高階主管認真思考過失敗的可能性。然而二〇〇八年九月，房利美面臨遭政府監管的命運，形同破產。十月三十一日，房利美的股票價值幾乎蒸發殆盡，從一年前的五十七美元慘跌九八%，只剩下九毛三分錢。

根據《紐約時報》報導，房利美執行長後來為公司辯護時指出：「幾乎沒有人預料到這場危機。一味怪罪我們沒有預測到這場不可思議的危機是不公平的。」的確，幾乎每一家大型金融機構在二〇〇八年的房市泡沫和次級房貸風暴中都備受打擊，其中也包括房利美的孿生兄弟房地美，以及像花旗集團這類重要的金融銀行。二〇〇八年十一月底，花旗集團執行長潘迪特（Vikram Pandit）接受談話節目《查理羅斯秀》

（*Charlie Rose Show*）訪問時，也提出同樣的論點。他誇張地說：「你一輩子能有幾次機會看到AAA級債券變得一文不值？」他還進一步指出，一般的風險管理模式根本無法說明事情的演變狀況。他後來又補充：「我不確定有任何人……任何人……曾經針對我們今天所處的環境做過任何壓力測試。」

所以，或許房利美只是被產業風暴掃到，或許房利美的失敗和他們的自我管理沒有任何關係。儘管如此，我們確實找到一些證據，顯示二〇〇〇年以後的房利美經歷了衰敗的前三個階段（第一階段：成功後的傲慢自負；第二階段：毫無節制地追求更多、更快、更大；第三階段：輕忽風險，罔顧危險），因而導致二〇〇八年的危機。

一九八〇年代，麥克斯威爾在房利美主政時期，在內部培養了謙遜的倫理風範。但到了二〇〇〇年之後，由於房利美經營得非常成功，再加上他們的特殊角色和正義感（極力促使「住者有其屋」的美國夢得以實現），其傲慢自大的名聲漸漸傳開來。

房利美一向以身為有紀律的組織而自豪，尤其善於風險管理，但他們也面臨實質的成長壓力（無論壓力來自內部或華爾街），加上政治壓力迫使他們必須設法協助更多低收入家庭擁有自己的房子。房利美二〇〇一年的年報宣稱，到二〇〇三年截止的五年內，預計將可達成讓每股盈餘加倍的目標，也就是每年平均成長率達到一五％（當時整體房貸市場的成長率只有七到一〇％），看似勇往直前地追求更高的成長和成功，接著就深陷會計風暴。

二〇〇四年九月，美國聯邦住宅企業督察局（Office of Federal Housing Enterprise Oversigh，簡稱ＯＦＨＥＯ）發布了一份報告，指控房利美為了降低盈餘波動，誤用了「一般公認會計原則」（Generally Accepted Accounting Principles）。房利美後來度過了這次難關，但也付出代價，它在二〇〇六年的年報指出：

「我們達成完整協議，解決了與聯邦住宅企業督察局的特別檢查和美國證券交易委員會（Security and Exchange Commission，簡稱ＳＥＣ）的調查相關的問題。我們在與聯邦住宅企業督察局的協議中，同意聯邦住宅企業督察局的發布同意令（consent order）。我們在協議過程中，既不承認、也不否認任何違規行為或任何明示或暗示的發現或其他同意令的根據。我們也同意繳付四億美元的民事罰鍰，其中五千萬美元付給美國財政部，三億五千萬美元繳付證券交易委員會，以分配給某些訴諸二〇〇二年『格拉斯—史蒂格法案』投資人條款公平基金的股東。」

房利美還付出了比繳罰鍰更大的代價，由於捲入這些調查，他們失去了原本的成長動能。

等到遭受重創的房貸巨人再度站穩腳步時，又必須面對日益膨脹的房地產泡沫和全國（Countrywide）、雷曼兄弟、貝爾斯登及其他公司的激烈競爭。結果，房利美增加了次級房貸業務，雖然分量不若某些公司那麼重。一位房利美高階主管曾對《紐約時報》表示：「大家都知道我們現在會購買過去被我們拒之門外的貸款，這些模式顯示我們的收費實在太便宜了。但我們的任務就是要發揮影響力、服務低收入貸款戶，所以我們還是會這麼做。」當房地產泡沫破滅時，二〇〇八年第一季，房利美公布了二十二億美元的虧損，第二季虧損數目更上升至二十三億美元。為了避免整個金融系統大崩盤，美國政府決定接管房利美和房地美，希望在二〇一〇年之前對這兩家公司進行重整。

以下是我們的幾個觀察和學到的教訓：

一、金融機構特別容易和衰敗的第三、四、五階段產生關聯。由於金融機構通常採取高槓桿操作方式，因此即使小小的虧損都可能釀成巨災，造成重大虧損。當金融機構陷入這類惡性循環時，可能會從衰敗的第三階段一路潰敗至第五階段，由於沉淪的速度實在太快，幾乎連亂找藥方的時間都沒有。

二、已經落入衰敗階段的公司在遭逢亂流時，會變得格外脆弱。假如二〇〇八年未發生金融風暴，或金融風暴沒有這麼嚴重，或許房利美還有一點機會扭轉頹勢，重返卓越。但在二〇〇八年九月的那場大災難，剝奪了房利美翻身的機會。

三、我們提出的衰敗五階段——成功後的傲慢自負；毫無節制地追求更多、更快、更大；輕忽風險，罔顧危險；病急亂投醫（政府，趕快救我們）；以及最後的放棄掙扎，變得無足輕重或走向敗亡——不但頗吻合個別公司的情況，而且似乎能解釋整個產業的衰敗，例如金融業或美國汽車業的情況就是如此，這點令我們感到非常訝異。儘管如此，公司的發展不一定會受到產業情勢的限制。在二〇〇八年金融危機中，並非每一家金融公司都慘遭滅頂，有些公司反而抓住對手實力減弱的機會，在混亂中攻其不備。

四、最後還有一個發人深省的教訓：要特別小心狂熱的使命感造成的傲慢自負。薄樂斯和我在《基業長青》的研究中發現，長青的卓越公司都能熱情地堅持一套恆久不變的核心價值，努力追求核心目的，他們經營企業不只是為了賺大錢。但這種做法也暗藏風險：認為自己是正義的一方（「我們是好人」），堅信組織目的和價值有其正當性，可能反而變成公司的罩門，容易陷入衰敗的第一到第三階段。房利美會變得傲慢自負、拚命追求成長，甚至採取高風險的產品組合，多少要歸咎於他們對擴大實現「住者有其屋」的美國夢所懷抱的狂熱使命感。每當人們把目標崇高與否和手段是否明智混為一談時（「我們是好人，追求的目標也很崇高，所以我們的決定都很好、很明智」），就更容易迷失方向了。糟糕的決策即使立意再良善，仍然是個糟糕的決策。

附錄4A

# 「公司之所以衰敗，不見得是因為自滿」的證據

請注意，本篇附錄是為了顯示即使衝勁十足地展開各種雄圖大略，卓越公司仍可能倒下，因此推翻了許多人的假設：卓越公司之所以衰敗，是因為他們愈來愈自滿。事實上，正如以下內容所顯示，我們研究的十一家卓越公司中，有十家公司即使展現的行為和自滿完全背道而馳，仍然步上衰敗之路。

**地址印刷機公司，第二階段：一九五六到一九七一年**

- 高度體認到全錄的威脅，和 Charles Bruning 公司合併以提升競爭力。曾推出新產品 Bruning 3000，但產品失敗了。
- 開發出具複印機加影印機功能的新產品 AMCD-1，但產品始終沒有上市，原因是缺乏雙面印刷的能力、大量生產出問題、面臨其他內部產品的競爭等。
- 推出新產品開發的緊急方案，三年內發表了二十三項新產品。

**艾美絲，第二階段：一九八二到一九八八年**

- 透過一系列重要購併而成長。
- 積極把發展重心從鄉村轉移到都會區。
- 投入實驗性的新事業，例如文具、雜貨、藝品以及休閒嗜好商店。
- 買下吒爾百貨公司，希望公司規模加倍成長。
- 從一九八三至一九八八年，五年內銷售額成長五倍。

**美國銀行，第二階段：一九七〇到一九七九年**

- 在海外大舉擴張。一九六〇年代，從不到二十個海外分行增加到九十個以上，然後從一九七一到一九七七年，海外分行和分公司的資產增加三倍以上。開始把國際放款的權力下放，以加速擴展海外市場。
- 行動至上，執行長克勞森（A. W. Clausen）指出：「我們的關鍵字必須是『行動』……我們的錯誤必須是決策的錯誤，而不是更糟糕的不決策的錯誤。」
- 展開高風險的創投合作計畫，直接投資於小型科技公司。
- 一九七〇到一九七四年，總資產加倍成長，然後從一九七四到一九七九年，總資產幾乎又增加一倍。

● 將 BankAmericard 轉型為更普遍的 Visa 卡。

● 在一九七〇年代末期，大幅增加固定利率抵押貸款、農業放款、營造業放款和對拉丁美洲及非洲等高風險國家的貸款。

### 電路城，第二階段：一九九二到一九九七年

● 致力於追求成長。一九九六年宣示，要在二〇〇〇年以前營收加倍成長到一百五十億美元以上，同時預期電路城超級商店的數目將增加到八百家，比一九九七年成長了八〇%。

● 從一九九二到一九九七年的五年間，營收達二・七倍以上（從二十八億美元增加到七十七億美元），每年平均成長率達二三%。

● 努力將 CarMax 打造為生氣蓬勃的新事業。一九九七年，CarMax 的營業額已經成長為五億一千萬美元，並在同年發行價值四億一千二百萬美元的股票以籌募展店資金，目標是在二〇〇二年之前開辦八十家以上的 CarMax 商店。

● 開始開發家庭影視新科技 Divx，讓消費者能利用這個無需還片的租片系統，在家觀賞電影。

## 惠普，第二階段：一九九二到一九九七年

●從一九九二到一九九七年的五年內，營業額成長二．六倍以上（從一百六十四億美元到四百二十九億美元），成長率高於一九六六到一九九一年的二十五年平均成長率。

●加速開發新產品。到一九九三年，惠普已經有七成訂單來自過去兩年內推出的新產品，比十年前的比例高出三〇%。

●一九九六年擊敗奇異、嬌生和英特爾，獲選為《富比士》雜誌「表現最好的美國公司」，文章的標題為「一九九五年頂尖企業表現：童子軍發飆」（Top Corporate Performance 1995: "Boy Scouts on a Rampage"）。

●執行長普拉特極力避免自滿，將惠普打造成一家追求創新的公司。他說：「我在晚上常常因為害怕自滿而睡不著。你必須有心理準備，你將無法在未來複製過去的成功經驗。」普拉特深信最好的防禦是先發制人，展開自我毀滅和自我更新。「雖然這麼做違反人性，不過你必須在事業發展還算順利的時候就把它扼殺掉，我的職責就是在工作環境中鼓勵健康的偏執。」

●採取英特爾式的策略讓競爭對手毫無招架之力，在印表機產業引領風騷：當競

爭對手逐漸趕上你目前的產品時，就立刻推出更好的下一代新產品，以凶猛的價格優勢重挫對手，然後又以更快的速度重複相同的循環。惠普在個人電腦業運用相同的模式，四年內就從第十一名躍升到業界第三名。

- 買下 Verifone 公司，積極跨入電子商務領域。推動「資訊公用設施」的觀念和更便利的數位裝置插電方式，跨入數位攝影技術的領域。

**默克，第二階段：一九九三到一九九八年**

- 一九九三年以六十億美元收購了藥房連鎖店 Medco Containment Services, Inc.（默克一九九二年的營業額為九十七億美元），希望在難以獲利的環境中掌控通路。
- 首要目標是成為頂尖的成長公司，計畫透過投資於研發突破性新藥、充分發揮藥事照顧事業的潛力，同時保持核心製藥事業的獲利率，達成目標成長率。
- 在科學上保持進步，比其他製藥公司取得更多新化合物的專利權。
- 推動重大的組織變革，打造「全球商業策略團隊」，每個團隊專注於一種重要疾病，推動產品和市場開發。

## 摩托羅拉，第二階段：一九九〇到一九九五年

●企圖每五年便將規模擴大一倍。從一九九〇到一九九五年，營業額從一百一十億美元成長到二百七十億美元。

●自我定位很能跟上最新潮流：無線通訊、蜂巢式行動電話、電子產品和全球化，並且很有遠見地及早在中國投資（一九九六年之前，是美國公司在中國投資額最龐大的公司）。

●全面發展銥衛星通訊計畫（一九九一年獨立成為新公司）。

●與ＩＢＭ和蘋果公司結盟，押寶於 PowerPC 微處理器，挑戰英特爾的地位。

●展現高層次的創新，專利數從一九九一年的六百一十三項，增加為一九九五年的一千零一十六項。

●開風氣之先，成為一家「喜歡自我淘汰的公司」。

●率先實施六標準差品管制度及追求高標準，只容許百萬分之三・四以下的產品瑕疵率。

●鼓勵好鬥、不怕衝突的文化，確保最好的技術和行銷構想能脫穎而出。

**樂柏美，第二階段：一九八〇到一九九三年**

●從一九八〇到一九九三年，營業額提高六倍以上，盈餘則成長將近十五倍，有一度連續四十季盈餘都成長。

●打造了一個創新機器。一九九一年，已經有三〇％以上的營收來自於前五年推出的產品。到了一九九二年，幾乎一年到頭，摩托羅拉平均每天都推出一個新產品。

●一九九〇年代初期，目標是每十二到十八個月增加一個新的市場區塊。

●培養積極追求成長和自我改造的文化。「我們必須不斷自我改造。」「我們的主要成長目標是銷售額和每股盈餘每隔五年都加倍成長。」

**史谷脫紙業，第二階段：一九六二到一九七〇年**

●採取多角化策略以推動成長。收購了一家教科書用紙製造公司、一家塑膠塗料公司和一家提供中小學教師培訓教材的公司；創辦了一家製造即用即丟式產品的公司，創意構想是生產可丟棄的紙衣和畢業服等產品；還跨入休閒旅館業和泳池邊／庭院家具等產業。

●大幅改變做法，採取品牌管理模式，品牌經理必須設法讓自己負責的品牌達到獲利目標，同時也必須負責品牌的研究、產品製造、廣告和銷售。

- 同時，史谷脫紙業在一九六〇年代初期卻沒有積極因應寶僑的威脅（有些證據顯示，史谷脫紙業作風優雅、文質彬彬，反而欠缺戰鬥意志）。

**增你智，第二階段：一九六六到一九七四年**

- 一九五九年，已經是美國黑白電視機市場的第一把交椅。
- 一九七二年，擊敗RCA，搶下彩色電視機龍頭寶座。
- 投入大賭注，很有先見之明地押寶在付費電視上，但沒有成功，主要原因是增你智領先時代潮流將近二十年，當時市場還未成形。
- 一九七〇到一九七三年投資於產能擴張，在台灣、香港、墨西哥邊境和其他地方設立新工廠。
- 為了在嚴苛的全球經濟環境下生存，在美國耗費巨資設立自動化工廠。
- 以能快速跟上最新科技變化而知名；一旦某種新技術通過驗證，證明可行，立刻積極採用。

## 展現極度自滿的案例A&P，第二階段：一九五八到一九六二年

●被稱為「隱士的王國」，以孤芳自賞、抗拒改變而聞名於世。「你辯不過一百年的成功經驗」成為常見的自我限制。

●創辦人把四〇%的股份分給哈特福基金會（Hartford Foundation），基金會要求高股息。一九五八到一九六二年，獲利屢創新高，也發出破紀錄的股息（九成以上的利潤都拿來分配股息）。

●對於新店面的投資不如競爭對手。一九六二年，在美國的前十大連鎖系統中，A&P的銷售量高居三三%，連鎖店數目也占所有連鎖店的三六%，但投入商店的資本投資只占了一八%。

●容許連鎖店變得破舊不堪。保持過時的店面形式，競爭對手卻開始投資於更大的店面模式，後來演變成超級商店。

# 附錄4B 衰敗公司「病急亂投醫」的證據

## A&P

一九七〇年代初期走下坡之後，在業界發動削價競爭，同行曾經稱之為A&P的「絕望之舉，讓整個產業陷入混亂」。A&P把四千多家連鎖店改造為「WEO」廉價商店的新形式（WEO是Where Economy Originates的縮寫，意思是「經濟實惠的源頭」），不惜賠本銷售，搶占市場。他們從外界網羅了魅力十足的救星來擔任執行長；押寶在「家庭商場」（Family Mart）複合式商店新事業，銷售的商品從電視機到麵包、牛奶和啤酒無所不包；又推出新的廣告攻勢和形象塑造活動。獲利率雖然短暫止跌回升，但很快又連連虧損，財務報表愈來愈難看。接下來，A&P病急亂投醫的做法還包括：尋求德國公司的資金挹注，以及另外從外界延攬一位空降的執行長。

## 地址印刷機公司

一九七〇年代初期，地址印刷機公司在產品失敗後經歷了重大衰退，於是他們以豐厚的現金紅利和配股為餌，從漢威公司（Honeywell）挖角來擔任執行長，但這位空降執行長並沒有扭轉頹勢。他們又從外界網羅了另一位魅力型領導人，卻令公司陷入痛苦的自我改造工程。由於他們的策略完全寄望於偉大的救世主或救命仙丹，所以又大膽跳進「未來辦公室」的領域。（幾年後一位高階主管指出，這個策略是「從目前的一九七〇年代中期直接跳到十五年後的未來，但大躍進的結果不如預期」。）

## 艾美絲

艾美絲百貨收購吒爾百貨之後不久，就申請破產保護。新執行長引進一批空降部隊來拯救公司。破產後重新出發的艾美絲百貨又換了另一位執行長，在新執行長當家後的第一份公司年報中表示：「在申請破產保護之前和破產期間，艾美絲嘗試了許多不同的商品銷售和行銷策略，可能令許多老顧客困惑不已。」不到兩年，他們又引進另一位執行長，他開始「從根本改造」公司，再度改變策略，這次改採「投機性的採購策略和微行銷策略」，不再強調「每日最低價」的銷售模式，而把焦點放在推銷存貨，在「五十五種金牌商品」、「整袋都是便宜貨」等廣告詞包裝下，推出種種浮誇炫目的新計畫。一九九八年，艾美絲買下西爾斯百貨公司（Hills Department Stores），一夕之間，公司規模幾乎加倍成長，但不到四年，艾美絲就停業清盤。

## 美國銀行

一九八〇年代中期，美國銀行顯然開始走下坡。其大量聘請外界的企業文化顧問，要求近二千名員工參與《財星》雜誌所謂的「公司成長團體」。根據《銀行家雜誌》（*Banker Magazine*）的報導：「廣泛的計畫……包括全盤修改原本的理念、戰術、策略和地區優先順序。」為了急於趕上資訊時代的列車，而展開五十億美元的新科技計畫。五十年來首度削減股息；執行長辭職，董事會把已經退休的前任執行長請回來拯救公司；他則引進富國銀行前任主管來協助他。

## 電路城

二〇〇二年，面對營收日益下滑的窘境，電路城推出新的公司標誌，並展開龐大的廣告宣傳活動，口號為「我們和你在一起」。二〇〇三年初，電路城採取激烈的行動，取消了銷售佣金，裁掉了三千多名經驗豐富、薪資較高的銷售人員，改雇用比較沒有經驗、成本低廉的論時計酬兼職人員。「產品專家」取代了「銷售顧問」。由於電路城二〇〇三和二〇〇四年連連虧損，於是又推出新的廣告，大打品牌形象，廣告詞是「正好是我需要的東西」，還在二〇〇六年推出名為Firedog的新品牌。接著從百思買挖角過來的主管在二〇〇五年成為電路城的總裁，又在二〇〇六年擔任電路城執行長。二〇〇八年，電路城考慮賣掉公司，為股東搶救公司剩餘的一點價值，但是與百視達的交易終究還是破局。

## 惠普

一九九〇年代末期，惠普黯然失色，表現不如華爾街的預期。執行長辭職後，董事會從外界延攬了高調的魅力型領導人，她展開激烈變革，改造惠普的文化和策略。在她的主導下，惠普於二〇〇一年付出將近二百四十億美元的代價買下康柏電腦，還振振有詞地說：「這是增加價值最好也最快的方式」……「藉著這次行動，我們有了戲劇性的改善」……「讓我們能更快因應」……「我們立刻加倍」……「一次策略性行動」……等等。獲利變得十分不穩定。二〇〇五年初，惠普董事會將她炒魷魚，從外界另外延攬了一位執行長來取代她。

## 默克

從來不曾到達第四階段。

## 摩托羅拉

一九九〇年代末期明顯陷入衰退，在電訊熱和網路熱的高峰時期，押寶於「善用無線寬頻和網路力量」的策略。後來承認：「我們和其他人一樣，在不對的時機追逐網路熱和電訊熱」。希望從硬體導向的公司轉型為軟體導向的公司，花了一百七十億美元收購通用器材公司，並大刀闊斧地展開文化和策略變革。「我們調整或改變了公司裡的每一件事情。」押寶於名為「智慧無所不在」的新計畫，開始研究跨入生物科技的可能性，四年內，將無線通訊事業徹底改造了三次。二〇〇三年底，從外界網羅了執行長來當救星，結果不到四年就去職。

## 樂柏美

一九九五年第四季，奪下「美國最受推崇的公司」冠軍寶座沒多久就出現虧損。它宣布了第一次重大重整，刪除了將近六千種產品項目，關掉九家工廠，裁掉一千一百七十個工作，同一段時間也完成了公司史上最龐大的收購行動，宣布賣掉辦公室產品事業，幾年前才訂下的策略又有了一百八十度大轉變。把行銷賭注全押在網路上，稱之為樂柏美的「復興工具」，但利潤仍再度下滑，啟動第二次大重整。推出公司史上規模最大的新行銷活動，調整薪資獎勵制度，讓員工薪酬與股價更緊密相連。展開另外一次大收購，希望將歐洲銷售額推升四倍。一九九八年賣給紐維爾公司。

## 史谷脫紙業

一九八一到一九八八年，展開戲劇性的逆轉行動，推動革命性的大改造，希望喚醒沉睡的公司。它更廣泛地發放激勵性薪酬，送幾百名經理人接受培訓，改變心態，令公司「脫胎換骨」，還聘請策略顧問，協助重新勾勒公司的方向。起初效果看起來還不錯，但接著獲利下滑，陷入不斷重整的命運環路，一九九〇年的重整費用為一億六千七百萬美元，一九九一年更付出了二億四千九百萬美元的重整費用，到了一九九四年初又耗費四億九千萬美元重整，總計將近十億美元。從外界引進空降部隊來當執行長解決問題，他大刀闊斧地裁員、削減成本，最後還把公司賣給首要對手金百利克拉克。

## 增你智

一九七七年，出現數十年來的首度虧損。執行長辭職。同時追逐許多不同的新機會。一位增你智高階主管表示：「如果我們真有任何計畫，我們的計畫就是什麼都參一腳。」增你智在三年內跨入了錄影機、光碟、透過電視連線的電話、家庭監視攝影機、有線電視解碼器和個人電腦（透過收購電腦公司 Heath）等不同領域。為了投資這些新領域，增你智的負債比率增加了一倍。

附錄5

# 怎麼樣才能把「對的人」擺在關鍵位子？

究竟應該把誰放在關鍵位子上，才算放「對」了人，完全因組織而異，我們的研究歸納出六個常見的特質：

一、**「對的人」認同公司的核心價值**。卓越的公司都建立了一種教派般的文化，不認同組織價值的人會發現自己好像病毒般被周遭的抗體排斥。人們常問：「我們怎麼樣才可以讓員工認同我們的核心價值？」答案是：不需要。你應該雇用價值觀原本就與你們核心價值契合的人，然後努力留住他們。

二、**「對的人」不需要嚴格管理**。一旦你覺得需要嚴格管理某個人，你可能就用錯人了。如果用對了人，你不需要花很多時間「激勵」或「管理」他們。他們會有一種建設性的神經質，懂得自我激勵，也有良好的自我紀律，忍不住要盡己所能、追求卓越，因為這樣的精神已經是他們DNA的一部分。

三、**「對的人」了解他們不僅僅是擁有一份「工作」，而是擁有一份「責任」**。他們明白工作清單和真正的責任之間有何差異。他們能完成下面的句子：「唯有我能為……負起最後的責任。」

**四、「對的人」能履行承諾**。在有紀律的文化中，大家認為承諾是非常神聖的，他們一定說到做到，毫無怨言；這表示他們在承諾時非常謹慎，絕不過度承諾，也不會明知道自己辦不到卻一口答應。

**五、「對的人」對於公司和工作都懷抱熱情**。缺乏熱情的話，不可能成就任何偉大的事業，「對的人」展現高度的熱情。

**六、「對的人」會展現成熟的「窗子和鏡子」心態**。一切順利的時候，「對的人」會指著窗外，歸功於其他因素；他們把榮耀都歸諸於其他有功勞的人，自己不敢居功。但是當事情不順、遭遇挫敗時，他們不會怪罪外在環境或其他人，而會指著鏡子說：「我要負責。」

# 附錄6A
# 谷底翻身的案例：IBM

## 概要

IBM在華生父子（Thomas J. Watson Sr. & Jr.）的領導下，成為二十世紀最受推崇、也最成功的公司之一，華生父子領導IBM長達五十七年（華生一九一四至一九五六年，小華生則是一九五六至一九七一年）。IBM成為電腦運算領域的主導力量，藉著IBM 360等計畫突飛猛進，從一九二六到一九七二年，IBM的股價表現幾乎是大盤的七十倍，如果在一九二六年投資IBM一千美元，到了一九七二年可以拿回五百萬美元。但是一九八〇年代中期，IBM逐漸走下坡，接著就在一九九〇年代初一落千丈，出現了七十多年來首度虧損。從一九九一到一九九三年，虧損高達一百五十億美元。一九九三年，IBM董事會聘請葛斯納擔任執行長，葛斯納讓IBM谷底翻身，並且為IBM重返卓越奠定了良好基礎。

接下來，我會藉著「從優秀到卓越」的原則，扼要說明IBM的復甦之道（請參見〈附錄7〉對這些概念的說明）。

## IBM 在葛斯納領導下谷底翻身

IBM 的累計股票報酬率與大盤表現之比

葛斯納在 1993 年成為 IBM 執行長，2003 年初退休

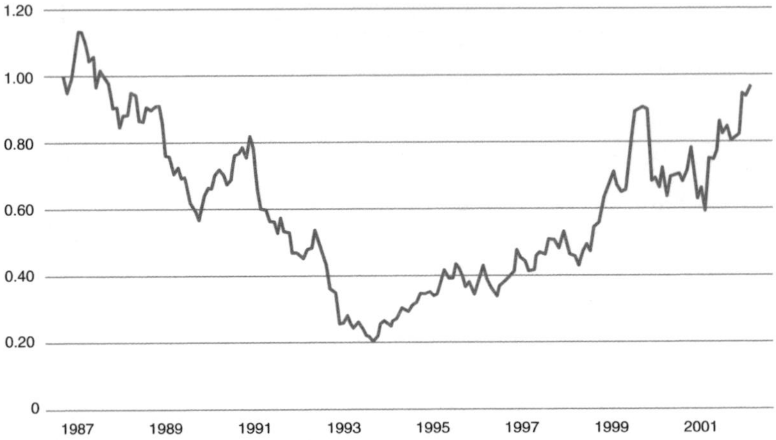


資料來源：芝加哥大學商學研究所證券價格研究中心（©200601 CRSP®, Center for Research in Security Prices. Graduate School of Business, The University of Chicago. Used with permission. All rights reserved. www.crsp.chicagobooth.edu）

## 第五級領導人

葛斯納雖是空降的救星，但顯然能堅持紀律，願意做困難的決定（並且抗拒在恐慌之下做決定）。雖然我們不是非常清楚葛斯納剛上任時是不是第五級領導人，但無庸置疑，他快卸任時已經「愛上了ＩＢＭ」，懷抱著第五級領導人的熱情。他將著作《誰說大象不能跳舞？》「獻給成千上萬個從不放棄公司、也不放棄同事和自己的ＩＢＭ人，他們是ＩＢＭ再造的真正英雄」。到後來，顯然葛斯納的一切雄心壯志都是為了ＩＢＭ，而不是為了自己。

## 先找對人，再決定做什麼

葛斯納先聚焦於重建經營團隊，他形容把對的人擺在關鍵位子上「是我在頭幾個星期的頭等大事」。他調整薪酬制度，以免損失任何重要人才。他找來自己信任的人才組成班底，包括新的公關主管、行銷主管、新的財務長和個人電腦事業部的新任總經理，並拔除缺乏急迫感或不能善盡職責的主管。

## 面對殘酷的現實

葛斯納認為，無論現實多麼難以面對，都必須先檢視殘酷的現實，例如ＩＢＭ曾經在哪裡失敗過、在哪些方面表現不夠卓越、為什麼失掉原本的市場、成本結構在哪些部分比較鬆散、重要顧客真正的想法是什麼、為什麼競爭對手漸漸不把IBM當一回事等等，然後才規畫願景。「如果IBM在一九九三年七月最不需要的就是願景，那麼第二件最不需要的事情就是我（葛斯納）站出來告訴大家，IBM基本上什麼問題都沒有。」葛斯納和他的團隊親自和顧客會面，傾聽坦率的意見，啟動轉型過程，讓IBM重新聚焦，成為顧客導向的企業。他們面對事實：IBM一直藉著抬高電腦主機價格來榨取利潤，如今市占率逐漸下降（在接下來七年內，葛斯納團隊戲劇性地將電腦主機處理能力的單位價格降低九六％）。他們坦然面對IBM如果想要生存，就必須將成本削減七十億美元的事實；他們也面對OS/2已經失敗、Windows勝出的事實；他們還面對今天的競爭對手比過去更具威脅性的事實。

## 刺蝟原則

IBM成功轉型的基石在於一個核心理念：在IBM的宇宙中，對顧客的高度熱情將占據中心位置。這樣的心態轉換帶來重要的洞見：顧客迫切需要有人幫他們把各種不同的資訊科技，整合成為他們量身訂製的套裝組合，以解決他們的特殊問題，而且隨著科技變遷和電腦網網相連的趨勢，這樣的需求將愈來愈多。IBM因此發展出他們的刺蝟原則：IBM要在技術整合服務的領域成為世界頂尖高手。「認為顧客會購買所有這些難以整合又複雜的專有技術，而且願意自己擔任總承包商（來整合所有技術），簡直是毫無道理。」

## 有紀律的文化

就這個原則而言，葛斯納做了最好的示範，他將IBM的官僚文化轉變為有紀律的文化，員工在嚴格的績效標準與價值觀、責任感的框架下，享有充分的自由。「『對個人的尊重』已經逐漸變成……強調自己應該有什麼權利的文化，彷彿『個人』不再需要做任何事情來贏得別人的尊敬——只不過因為被企業雇用，就期待可享受到豐厚的福利和終身雇用。」他列出八項IBM的績效原則，任何領導人如果無法展現符合這個架構的績效，就無法繼續待在重要的職位上。葛斯納的經營團隊堅持刺蝟原則，指出「我們的成功有很大部分要歸功於我們沒有進行的交易」。

## 是飛輪，而不是命運環路

葛斯納拒絕等到問題發生才被動反應，他花時間嚴謹分析IBM的問題。雖然分析師、媒體或其他專家都認為，需要把IBM分割成幾個不同的部分，葛斯納卻選擇讓公司保持完整。他停止不符合刺蝟原則的活動：停止OS/2，停止開發應用軟體，賣掉聯邦系統事業部（Federal Systems division）。他在媒體前保持低調，絕不在結果揭曉前說大話；他堅持「保守承諾、超額完成」的紀律；他還拒絕了許多不符合IBM策略或無法帶來利潤的大型收購案。隨著IBM的整合服務觀念愈來愈受人矚目，葛斯納的團隊搭上網路崛起的浪潮，轉而發展網路運算方式，推出電子服務的模式。

## 造鐘，而非報時

葛斯納曾經寫道：「我逐漸明白，在我任職於IBM這段時間，企業文化不只是賽局的一部分，企業文化就是賽局。」他認為主管有責任創造價值，而不是理所當然地獲得財富，為了強化這個觀念，IBM的主管必須自掏腰包購買公司股票，才能享有股票選擇權。葛斯納將高階主管組織為一個領導人團體，人數以三百人為上限，每年葛斯納會根據每個人的表現重新組織這個團體；到了二〇〇二年，最初的成員只剩下七十一位還留在這個高階領導人團體。葛斯納透過嚴謹的接班規畫，來選拔下一任執行長。

## 保存核心／刺激進步

葛斯納清楚區分核心價值和營運措施。他顛覆了ＩＢＭ的保守傳統和愚蠢規定，但同時也振興了ＩＢＭ的核心價值和追求卓越的偏執與熱情——「該死，你是ＩＢＭ啊！」他設定膽大包天的目標，要打造出全世界最龐大、最有影響力的資訊科技服務企業，把龐大的賭注押在「網路運算將取代分散式電腦運算」的洞見，並因此在一九九〇年代和二〇〇〇年代初期推出電子商務作為ＩＢＭ的「登月任務」。從一九九三到二〇〇二年，葛斯納的團隊幾乎改造了ＩＢＭ所有的商務流程，剷除了一百四十億美元因缺乏效率而造成的浪費。

附錄6B

# 谷底翻身的案例：紐可鋼鐵公司

## 概要

紐可在過去五十年來，一直是最傑出的「從優秀到卓越」的A⁺公司之一。一九六五年，面對可能破產的局面，紐可董事會把公司交到艾佛森（Ken Iverson）手上。紐可在艾佛森的領導下，因為找不到可靠的供應商而蓋了第一座鋼鐵廠。紐可的員工發現，他們比其他人都更懂得如何以低廉的成本煉製更好的鋼材，所以另外又蓋了幾座迷你煉鋼廠。後來，紐可的獲利在《財星》雜誌一千大企業中領先群倫，超越其他鋼鐵公司。從一九七五到一九九〇年，紐可的股票表現也超越大盤五倍以上。紐可成功的基石在於績效導向的文化加上先進的煉鋼技術，持續降低每噸鋼的平均生產成本。一九九〇年代中期，艾佛森即將卸任時，由於管理階層動盪不安，紐可開始走下坡。一九九六年，艾佛森和董事會撕破臉，雙方攤牌後，艾佛森退休，他選擇的接班人也在一九九九年辭職。二〇〇〇年，董事會拔擢自家人迪米科（Daniel DiMicco）擔任執行長，紐可公司重新站穩腳步，股價表現重新回到超越大盤的軌道上，繼續在獲利表

## 紐可在迪米科的領導下谷底翻身

紐可的累計股票報酬率與大盤表現之比
迪米科在 2000 年成為紐可執行長

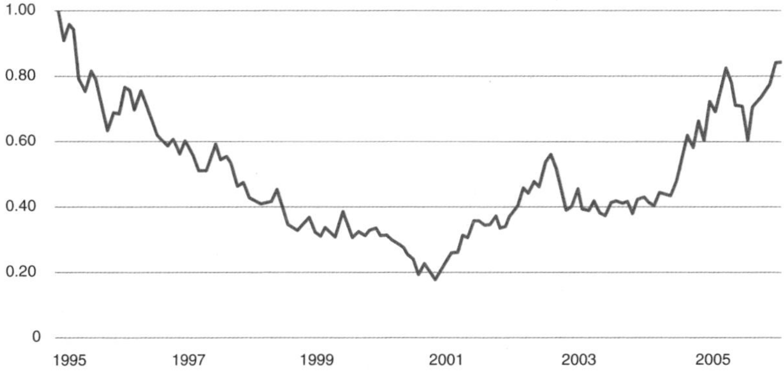


資料來源：芝加哥大學商學研究所證券價格研究中心（©200601 CRSP®，Center for Research in Security Prices. Graduate School of Business, The University of Chicago. Used with permission. All rights reserved. www.crsp.chicagobooth.edu）

現上屢創歷史新高。

接下來，我會藉著「從優秀到卓越」的原則，扼要說明紐可的復甦之道（請參見〈附錄7〉對這些概念的說明）。

## 第五級領導人

迪米科長期以來一直對紐可忠心耿耿，他在一九八二年加入，十八年後才當上執行長。他上任後，繼續保持紐可人人平等、沒有階級之分的企業文化，親自接聽所有員工的電話，倒完咖啡壺中最後一杯咖啡後會再煮一壺，公司營運總部也仍然設在彷彿路邊小店般毫不起眼的低矮建築中。同時，在迪米科營造的企業文化中，管理階層乃是為員工服務，而非員工為管理階層服務。他經常把功勞歸於其他同事，很少自己居功。雖然艾佛森主政末期高層曾有一度動盪不安，但迪米科經常強調他對於前任執行長的感激：「我們之所以有今天，都是領導階層不斷努力奉獻的結果，尤其必須感謝艾佛森和他的團隊。」

## 先找對人，再決定做什麼

迪米科保持傳統，把所有員工的姓名都放在公司年報的封面上（二〇〇七年，紐可總共有一萬八千名員工），這件事也反映出紐可最重要的優勢，就是能網羅與企業文化契合的正確人才。迪米科和他的團隊秉持的理念是：寧可雇用有正確工作倫理和人格特質的員工，然後教導他們如何煉鋼，而不要雇用懂得煉鋼卻缺乏紐可工作倫理和人格特質的員工。在迪米科的領導下，紐可愈來愈重視如何培養出最適合的人才，而不只是挑選出正確的人才，公司為每一位經理人都量身打造出最適合他的領導人才培育計畫。

## 面對殘酷的現實

面對中國鋼鐵的威脅與日俱增，迪米科和他的團隊愈來愈重視可能面臨不公平貿易措施的風險。他們正視能源價格波動的風險，擬定了天然氣採購的避險策略。他們採用保守的財務會計制度，資產負債表非常健全，因此能歷經風暴仍屹立不搖，在景氣不佳時，反而能把握住競爭對手無力反擊的契機，趁隙搶占市場。

## 刺蝟原則

紐可秉持一個簡單的概念：近乎偏執地塑造企業文化，並運用先進技術來生產低廉的鋼鐵，努力關照客戶的需求，但又穩定提升每噸鋼鐵製成品的利潤。迪米科和他的團隊仍然堅持這個核心理念，同時也適度改變策略（請參考下頁的「保存核心／刺激進步」）。迪米科始終把重心放在紐可能夠達到世界頂尖地位和創造優越經濟報酬的領域上，捨棄不能通過上述考驗的事業，例如軸承產品和碳化鐵。

## 有紀律的文化

迪米科重振紐可注重生產力的著名文化：強調績效，而不是階級地位。任何團隊如果能達到或超越生產力目標，而沒有犧牲品質或安全，拿到的獎金將超越工資一倍到兩倍。分紅多寡乃是根據團隊或單位的績效來評定，鼓勵所有員工扛起提升生產力的全部責任，而不是自掃門前雪。如果某個小組生產出品質不良的鋼鐵，全部的組員都拿不到獎金，如果那批貨已經抵達客戶手上，那麼他們的損失就更高了。整個制度的設計是為了強化一個觀念：沒有任何紐可員工能單純因為來上班就領到薪水，每一位員工都必須對公司的雙重目標有所貢獻，即生產出高品質、低成本的鋼鐵，並照顧到客戶的需求。

## 是飛輪，而不是命運環路

迪米科的做法和病急亂投醫恰好相反，他沒有陷入方向不一、相互掣肘的命運環路。他了解方向一致、為飛輪累計動能的重要性。二〇〇一年，紐可經歷了內部變動後，鋼鐵業又面臨艱鉅挑戰，迪米科在給股東的信上表示：「我去年也在信中說了同樣的話，而且我預期再過十二個月以後，你們還是會讀到相同的話。無論鋼鐵業或周遭世界有任何變化，我們絕不能忽略最重要的目標。」二〇〇三年，經歷了鋼鐵業最動盪不安的一段時期後，他寫道：「無論經濟情勢如何，紐可都會繼續堅持那些引領我們走過四十年無間斷的獲利和成長的原則。」

## 造鐘，而非報時

主政長達三十年的英明領導人艾佛森卸任前後，紐可的權力交接曾有一段混亂期，但仍然屹立不搖，其制度也通過了最大的考驗。迪米科致力於重振紐可的文化和組織，因此紐可復興的希望將不會繫於他一個人身上。

## 保存核心／刺激進步

迪米科明確表明他的觀念是一方面固守核心價值，一方面調整做法和策略，以因應不斷變動的世界：「企業必須不斷演化，同時也要確保核心原則不會因而妥協。」迪米科刺激進步的主要機制包括：花更多心力關照顧客，把顧客的需求當做促進改善的催化劑，還有樹立內部標竿。迪米科改變了紐可長期以來只仰賴內部迷你鋼鐵廠的做法，增加了有條件的收購這個選項，但所有的收購案必須符合三個有紀律的決策標準：不付出過高的價錢，必須是你了解的行業，確定在文化上的相容性。他持續投資和試驗新科技，例如開發出全世界第一條碳鋼片的薄片連鑄生產線。

附錄6C

# 谷底翻身的案例：諾斯壯

## 概要

諾斯壯一向以非凡的顧客服務聞名，被譽為二十世紀最卓越的零售公司。一九九〇年代，諾斯壯開始走下坡，並在二〇〇〇年出現戲劇性的衰退，同店銷售額大幅下滑。從二〇〇〇到二〇〇六年，第四代家族成員布雷克・諾斯壯（Blake W. Nordstrom）就任執行長，重新聚焦於當初令公司躍升到卓越的飛輪上（顧客服務、專業銷售），同時大幅改善後勤制度（例如存貨控管）之後，諾斯壯開始強力反彈。

接下來，我會藉著「從優秀到卓越」的原則，扼要說明諾斯壯的復甦之道（請參見〈附錄7〉對這些概念的說明）。

## 第五級領導人

布雷克・諾斯壯遵照家族傳統，親自接聽電話。他重新建立倒金字塔形的架構，把高層置於底部，顧客和第一線銷售人員則放在上端（請參閱《基業長青》第六

諾斯壯在布雷克・諾斯壯領導下谷底翻身

諾斯壯的累計股票報酬率與大盤表現之比

布雷克・諾斯壯在 2000 年成為諾斯壯執行長

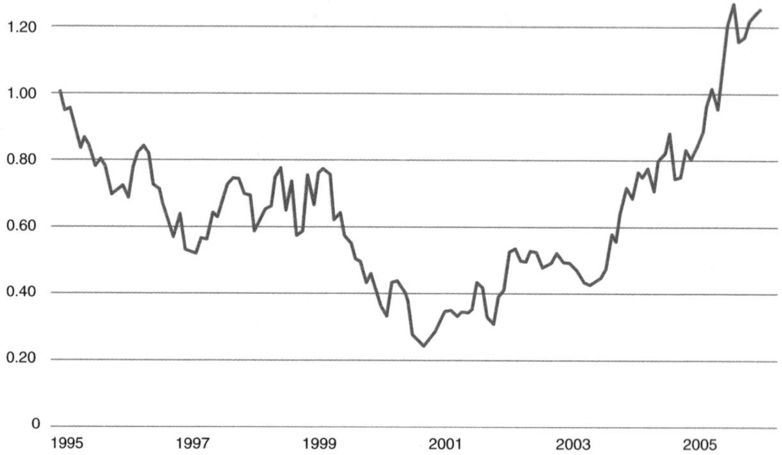


資料來源：芝加哥大學商學研究所證券價格研究中心（©200601 CRSP®，Center for Research in Security Prices. Graduate School of Business, The University of Chicago. Used with permission. All rights reserved. www.crsp.chicagobooth.edu）

章）。他願意為公司的問題一肩扛下所有責任：「對我和我的堂兄弟而言，顯然（公司之所以走下坡）全都要怪我們；不是企業文化的錯，而是我們個人的錯。」

## 先找對人，再決定做什麼

諾斯壯先大幅改造領導團隊，包括執行長、資訊長、財務長和百貨公司總裁。新的經營團隊重新根據公司重視的核心價值和人格特質雇用人才，而不是只著重個人能力。「我們可以雇用好人，然後教導他們銷售技巧，但是我們沒辦法把銷售人員請來上班後，才教他們對人好一點。」他們回歸到把對的人放在重要位子的紀律。一位諾斯壯領導人曾經表示：「我寧可偶爾輸掉官司，也不願意留下表現不符標準的員工，因為表現差的員工會把其他人都拖下水，令周遭同事也表現不好。」

## 面對殘酷的現實

布雷克・諾斯壯面對殘酷的現實——諾斯壯已經偏離了原本注重顧客服務的文化，基礎設施也迫切需要升級，尤其必須把存貨系統和零售業銷售點資訊管理系統（POS系統）連結起來，他投入二億美元更新存貨系統，一方面降低存貨成本，另一方面銷售人員也能更輕鬆地找到顧客需要的商品。

### 刺蝟原則

諾斯壯的經營團隊重新找到公司的核心理念，即如果能在銷售人員和顧客間建立良好的關係，就能成為最好的百貨公司。諾斯壯的復甦之路建立在一個簡單的觀念上：大刀闊斧地改善後勤支援系統（尤其是存貨系統），能提供專業的現場銷售人員有力的支援，重新建立起持久的顧客關係，並因此改善了以投資報酬率衡量的核心財務指標。他們對於獲利率除以平均存貨所代表的經濟指標有了更深的理解。

### 有紀律的文化

諾斯壯團隊回歸到公司最初之所以卓越的主要做法：網羅懷抱熱情的專業銷售人員，設定非常高的績效標準和顧客服務水準，給予銷售人員充分的自由，決定怎麼做才能提供顧客最好的服務。他們保留諾斯壯員工手冊裡面的規定，說明諾斯壯唯一的規定就是：「無論在任何情況下，都要善用良好的判斷力」。布雷克・諾斯壯在二〇〇三年公司年報中寫道：「或許我們最大的成就是變成一家更有紀律的公司。」

### 是飛輪，而不是命運環路

布雷克・諾斯壯聚焦於「有意義的小步驟」上，而非戲劇性的大動作。他坦然面對耗資四千萬美元的「重塑自我」廣告的失敗。「我們嘗試不一樣的做法，卻忘掉了自己。顧客顯然不想重塑自我，也不希望我們公司自我改造。」二〇〇四年，布雷克·諾斯壯寫道：「公司的成功並非繫於任何新策略或嶄新的商業模式，而是好好把握我們已經做得很好的事，繼續發揮這些優勢。」

## 造鐘，而非報時

布雷克·諾斯壯把焦點放在建立企業文化和大力支持能促進企業文化的制度，所以諾斯壯不會全然仰賴任何領導人來推動復甦。他重新打造出一支經營管理團隊，所以公司不會完全仰賴他一人的領導；即使他退位了，公司仍會繼續這條從衰退復甦的道路。直到我們撰寫本書之時，布雷克·諾斯壯仍然擔任諾斯壯公司的總裁。

## 保存核心／刺激進步

布雷克·諾斯壯強調重新喚醒諾斯壯的核心價值（顧客服務至上，不斷改善的熱情，富於創業精神的工作倫理，聲譽卓著），但同時為了徹底實踐核心價值，大刀闊斧地改革內部系統和做法：推出新系統，推動最佳典範做法分享，建立更有紀律的購買策略。

附錄7

# 「從優秀到卓越」的架構之觀念整理

請注意，我們的網站（www.jimcollins.com）上公布了診斷工具，協助大家運用這些觀念來評估組織。

（階段一到階段三的原則源自於柯林斯為《從A到A⁺》所做的研究；階段四則源自於柯林斯和薄樂斯的著作《基業長青》。）

## 階段一：有紀律的員工

**第五級領導人：**第五級領導人的一切雄心壯志都是為了目標、為了組織、為了工作，不是為了自己，而且他們有強烈的決心，要盡一切努力實現目標。第五級領導人都展現謙沖為懷的個性和專業堅持的意志力這兩種看似矛盾的風格。

**先找對人，再決定要做什麼：**卓越組織的創建者在決定方向前，會先確定找到對的人上車，請不適任的人下車，同時把對的人放在適當的位子上。他們總是先找對人，再決定要做什麼。

## 階段二：有紀律的思考

**面對殘酷的現實（史托克戴爾弔詭）**：無論遭遇多大的困難，都相信自己一定能贏得最後勝利，而且堅持信念，絕不動搖；同時又有充分的紀律，願意坦誠面對眼前最殘酷的現實。

**刺蝟原則**：卓越源自於一連串符合刺蝟原則的好決定。當企業營運模式符合刺蝟原則時，表示組織對於三個相互交疊的圓圈有深刻的理解：你們在哪些方面能達到世界頂尖水準？你們對什麼事業懷抱高度熱情？你們的經濟引擎主要靠什麼來驅動？

## 階段三：有紀律的行動

**強調紀律的文化**：有紀律的員工在職責範疇內自由地進行有紀律的思考，採取有紀律的行動，就是創造卓越文化的重要基石。在強調紀律的文化中，重要的不是職位，而是責任。

**飛輪效應**：在追求卓越的過程中，沒有任何單一的行動、偉大計畫或殺手級創新能決定一切，也無法單憑僥倖或奇蹟就能竟其功，必須仰賴無休無止地推動巨大笨重的飛輪，朝著一個方向前進，隨著飛輪一圈圈轉動，逐漸累積動能，達到突破點後突飛猛進。

**應用從優秀到卓越的架構**
（卓越的投入）
→ **奠定基礎** →
**成為卓越的組織**
（卓越的產出）

**階段一：**
**有紀律的員工**
第五級領導人
先找對人，再決定要做什麼

**階段二：**
**有紀律的思考**
面對殘酷的現實
刺蝟原則

**階段三：**
**有紀律的行動**
強調紀律的文化
飛輪效應

**階段四：**
**基業長青，恆久卓越**
造鐘，而非報時
保存核心／刺激進步

**高人一等的卓越表現**
企業藉由財務報酬多寡和能否達成公司目標來定義績效，社會部門則藉由能否有效達成社會使命來定義績效。

**發揮獨特的影響力**
組織發揮卓越的水準，對社會有卓越的貢獻，一旦它消失不見，其他機構很難填補它留下的空洞。

**恆久卓越**
組織不需要仰賴任何領導人、偉大構想、市場週期或資金充沛的計畫，便能長期展現非凡的績效，即使遭逢挫敗，都能愈挫愈勇、日益茁壯。

## 階段四：基業長青，恆久卓越

**造鐘，而非報時**：真正卓越的組織在經歷多次世代交替後仍然蓬勃發展，而不是單靠偉大的領導人、偉大的創意或偉大的計畫。卓越組織的領導人知道應該建立起刺激進步的機制，而不是依賴個人領導魅力來達成目標。的確，許多卓越企業都避開魅力領導這條路。

**保存核心／刺激進步**：持久不墜的卓越組織基本上都具有二元的特性。一方面，有一套恆久不變的核心價值和組織存在的核心意義。另一方面，又無止境地追求改變和進步；膽大包天的目標往往展現出這種創造性的驅動力。卓越組織會清楚區分（恆久不變的）核心價值與（不斷適應外界變動的）營運策略和文化措施。

# 感謝辭

本書之所以能夠問世，必須歸功於許多人的幫忙。

首先要謝謝 ChimpWorks 團隊在計畫中扮演的角色，以及持續努力讓整個系統運作順暢：Susan Barlow Toll 廣泛檢查各種事實和引文；Michael Lane 在文稿編輯和概念發想上的卓越貢獻；Taffee Hightower 協調整合批判性讀者的流程；Judi Dunckley 確定所有的事情都上軌道（還有令大家戰戰兢兢、不敢鬆懈）；Vicki Mosur Osgood 多年來努力推動 ChimpWorks 的飛輪；Kathy Worland-Turner 總是發揮很高的效能，盡責地扮演我的左右手，讓我能專心創作和教書。

還要感謝研究小組成員對這個計畫的貢獻：感謝 Robyn Bitner 分析資料、查證事實；Kyle Blackmer 針對默克公司的研究；Brad Caldwell 針對惠普和ＩＢＭ的研究，Lauren Cujé 針對諾斯壯的研究；Terrence Cummings 參與了許多專案，並對篩選研究樣本有很大貢獻；Todd Driver 所做的財務分析，以及針對ＩＢＭ的研究和各種查證工作；Ryan Hall 針對研究樣本篩選所做的分析和搜集關鍵數據；Lorilee Linfield 針對百思買和電路城的研究和查證事實；Catherine Patterson 所做的分析；Matthew Unangst 的研究樣本篩選分析和對全錄的研究；還有 Nathaniel (Natty) Zola 持續的分析和批評。

要感謝編輯 Deborah Knox 投入幾百個小時，經由數十次的討論，辛苦地挑戰、編輯、查證、潤飾和改進文稿，並不厭其煩地檢視默克和房利美的資料。

也要感謝一群深具批判力的讀者的貢獻，他們充滿智慧的批評釐清了本書的觀念，也令文字更加犀利。謝謝 Bill Achtmeyer、Jerry Belle、Ed Betof、Ann S. Bowers、William P. Buchanan、Scott Cederberg、Dr. Alan G. Chute、Ken Coleman、Alan J. Dabbiere、Brian Deevy、Jeff Donnelly、Salvatore D. Fazzolari、Andrew Feiler、Claudio Fernández-Aráoz、Christopher Forman、Dick Frost、Denis Godcharles、Wayne H. Gross、Eric Hagen、Pamela Hemann、Liz Heron、John B. Hess、Frank Hightower、Phil Hodgkinson、Kimberley Hollingsworth Taylor、John A. Johnson、Alan Khazei、Betina Koski、Kevin McGarvey、Thomas W. Morris、Tom Nelson、Michael Prouting、Bobby Rao、Gloria A. Regalbuto Bentley、PhD、Jim Reid、Neville Richardson、Kevin Rumon、Kim Sanchez Rael、Dirk Schlimm、Roy Spence、Frank Sullivan、Kevin Taweel、Jean Taylor、Tom Tierney、Alan Webber、Jim Weddle 以及 Walter Wong。還要謝謝 Frank Sullivan 建議《How the Mighty Fall》這個書名。

謝謝科羅拉多大學 William M. White 商業圖書館的 Betty Grebe 和 Carol Krismann 熱心協助我的研究助理。謝謝芝加哥大學商學研究所證券價格研究中心（CRSP）提供高品質的資料和卓越的服務，也謝謝 Dennis Bale 和 Lori Drawbaugh 的專業，以及他們的行動辦公室容許我在旅程中仍能持續創作。

謝謝賀賽蘋（Frances Hesselbein）和 Dick Cavanagh 邀請我去西點軍校演講，因此啟發了我深入探討這個主題。謝謝 Breck England 想出以「有所根據的合理希望」來形容我們的研究發現。謝謝 Bob Buford 一直堅持我應該追求能點燃我好奇心的題目，以及認為「少就是多」。謝謝 Alan Wurtzel 和 David Maxwell 在架構衰敗的階段時提供有用的觀點，以及他們長久的友誼和一直相信我們所做的工作。

謝謝 Peter Ginsberg 多年來的支持、挑戰和專業，以及他卓越的能力，總是能提出從來沒有人嘗試過的出版構想，而且還付諸實施。謝謝 Hollis Heimbouch 的編輯直覺、大力支持和願意和我一起探險。

謝謝 Janet Brockett 的設計天才和友誼。

謝謝 Caryn Marooney 的非凡智慧和創意。

謝謝好友兼研究夥伴漢森（Morten T. Hansen）不斷啟發我、挑戰我，提供批判性的意見和有用的指引。

謝謝我的好兄弟們和 Michael Collins 持續的支持和啟發。

最後仍然要謝謝我的人生伴侶和摯友瓊安（Joanne Ernst），她一直是我最嚴厲的批評者，而且始終堅定地相信我。在結婚二十九年以後（我覺得這對於持久的婚姻是很好的起步），我仍然每天感到非常幸運。

實戰智慧館 480

# 為什麼A⁺巨人也會倒下

## 企業爲何走向衰敗，又該如何反敗爲勝

作　者 —— 詹姆・柯林斯（Jim Collins）
譯　者 —— 齊若蘭

副主編 —— 陳懿文
校　對 —— 呂佳真
封面設計 —— 萬勝安
行銷企劃 —— 舒意雯
出版一部總編輯暨總監 —— 王明雪

發行人 —— 王榮文
出版發行 —— 遠流出版事業股份有限公司
104005 台北市中山北路一段11號13樓
電話：(02)2571-0297　傳真：(02)2571-0197　郵撥：0189456-1
著作權顧問 —— 蕭雄淋律師

2011年1月1日　初版一刷
2022年2月25日　二版三刷
定價 —— 新台幣380元（缺頁或破損的書，請寄回更換）

ISBN 978-957-32-8786-5

ylib 遠流博識網 http://www.ylib.com
E-mail: ylib@ylib.com
遠流粉絲團　https://www.facebook.com/ylibfans

國家圖書館出版品預行編目 (CIP) 資料

為什麼 A+ 巨人也會倒下：企業為何走向衰敗，又該如何反敗為勝 / 詹姆．柯林斯 (Jim Collins) 著；齊若蘭譯 . -- 二版 . -- 臺北市 : 遠流 , 2020.06

面；　公分 . -- ( 實戰智慧館 ; 480)

譯自：How the Mighty Fall: and why some companies never give in

ISBN 978-957-32-8786-5( 平裝 )

1. 組織管理 2. 組織再造 3. 危機管理

494.2　　　　109006411